AF493835

ESSAI

SUR L'ART DE CONSTRUIRE LES THÉATRES, LEURS MACHINES ET LEURS MOUVEMENS;

Par le Cen. BOULLET,

MACHINISTE DU THÉATRE DES ARTS.

SE TROUVE A PARIS,

Chez BALLARD, Imprimeur-Libraire du Théâtre des Arts, rue J.-J. Rousseau, n°. 14;

Et à la Salle de l'Opéra.

GERMINAL, AN 9. (1801.)

D'après le Traité fait entre le C. Ballard et moi, je place cet ouvrage sous la sauve-garde des lois et la probité des Citoyens, et je poursuivrai devant les Tribunaux tout contrefacteur et tout distributeur qui, au mépris de la propriété et des lois existantes, mettrait au jour des Editions contrefaites.

Le public est prévenu qu'il n'y a d'Edition authentique que celle qui porte ma signature.

Boulley

A Paris, le 15 Germinal, an 9.

Les exemplaires ont été déposés à la Bibliothèque nationale.

AU C^{en} CHAPTAL,

DE L'INSTITUT NATIONAL DES SCIENCES ET ARTS, ET MINISTRE DE L'INTÉRIEUR.

CITOYEN MINISTRE,

Tous les arts qui prospèrent dans un État, ont une influence plus ou moins marquée sur la fortune publique. Cette vérité est mieux sentie, lorsque ceux qui les administrent savent en diriger l'activité au profit de la société.

Celui sur lequel j'essaie de donner quelques enseignemens, peut devenir plus utile. Il consacre ses travaux à la magnificence d'un spectacle, dont la réputation appella toujours en France les étrangers; et ce sont leurs dépenses qui contribuent, avec celles du Gouvernement, à soutenir l'éclat d'un Théâtre vraiment national. Les consommations que feront dans ce pays ceux que nos arts y appellent, profiteront à l'industrie, au commerce et au trésor public.

Il m'a paru convenable, Citoyen Ministre, de faire paraître sous vos auspices un *Essai*, peut-être nécessaire au *Théâtre des Arts*. C'est à vous que ce spectacle devra les moyens de soutenir sa gloire. Il doit s'élever au plus haut degré de magnificence, sous un Gouvernement à la force duquel la *Victoire* et la *Paix* donnent les moyens d'entreprendre et de perfectionner.

Salut et respect,

BOULLET,

Machiniste en chef du Théâtre des Arts.

Paris, 1er. Ventôse an 9 de la République.

PRÉFACE.

Dans le cours de l'an 7, un journal des théâtres, qui n'existe plus, me parut suffisant, pour mettre, sous les yeux du public, quelques apperçus sur les dimensions d'un grand théâtre, sur les machines, les décorations et leurs formes; sur les matériaux qui les composent; sur les moteurs à mettre en activité pour produire les effets variés du spectacle de l'opéra, et des autres théâtres à machines. J'ai cru qu'en développant mes idées, je pouvais les rendre utiles; et je pense que quarante années de travaux et d'expérience au grand théâtre de Versailles, et à celui de l'opéra, ne doivent pas être perdues pour ceux qui pourront courir la même carrière. J'ai reçu, de vive voix, les leçons de théorie de mes prédécesseurs; j'ai eu beaucoup et de fréquentes occasions d'en étendre et d'en perfectionner la pratique. Je transmets, dans cet Essai, les moyens de vaincre mille difficultés, et applanir la route qui conduit à la perfection d'un art, soumis plus que jamais à des tours de force ordonnés par les auteurs des opéras et des pantomimes, où le merveilleux, pour produire son effet, a besoin de toutes les ressources du machiniste.

Nous n'avons aucun auteur qui se soit occupé du soin important de fixer la théorie de construction des salles de spectacle, leur forme, leurs dimensions, et *principalement leur* relation, *et leurs* convenances *avec le* théâtre. *Chaque constructeur se laisse aller au gré d'une imagination, qui ne conçoit que des formes variées auxquelles il m'a toujours paru que l'on ne devait pas sacrifier la partie la plus essentielle, je veux dire ce qui se passera sur touts les points du* théâtre, *ce que le public doit voir. Il semble, en effet, que l'on ne cherche seulement que des éloges pour l'embellissement varié des* salles *de spectacle, sans s'embarrasser si, de touts ses* points, *on peut appercevoir librement, et sans gêne, les différentes parties du* théâtre. *Je ne veux d'autre preuve de ce manque de* théorie *fixée, que la différence de toutes nos salles, construites depuis vingt ans. Une seule à* Paris *réunissait, pour les spectateurs, les agréments de la facilité de tout voir, et de tout entendre à* toutes places. *Le célèbre architecte* Peyre, *trop tôt enlevé aux* arts, *avoit fait un grand pas vers la perfection. Mais, pour ne pas l'imiter, les constructeurs des salles plus modernes se sont prodigieusement écartés de la route tracée par cet habile maître. Cet égoïsme de gloire, mal calculé, a beaucoup retardé les progrès de l'*art *(1).*

---

(1) On doit à *Peyre* le projet d'une salle d'*opéra*, dont le *modèle* bien exécuté a été long tems déposé dans la pièce qui précède la grande salle des *spectacles* du château de *Versailles*. *Peyre* eût exécuté le monument de la *Comédie française*, au milieu du terrein de l'ancien hôtel de *Condé*, avec trois arcades de plus dans la *largeur* et cinq dans la *longueur*, si des vues mesquines n'avaient pas changé les premières dispositions d'un

*On n'a peut-être pas assez senti que l'*ouverture *de l'*avant-scène *étant déterminée, toutes les* dimensions *devaient être soumises à cette* ligne, *qui trace le cadre du* tableau, *et qui peut régler et marquer les places d'où peuvent être vues les différentes positions des* personnages *qui en sont véritablement les* figures.

*Je suis fort éloigné de croire que l'*art *du* machiniste *soit plus avancé que celui de construire des salles convenables et commodes. Ce que je pense utile à dire du mien, ne m'empêche pas de convenir qu'il est encore dans l'enfance. Aidé des leçons et des conseils d'*Arnout, *mon maître, dans les nombreux travaux des* théâtres *de la cour et de la ville, j'ai pu avancer de quelques pas; mais je dois cet avantage aux circonstances. L'activité de l'*opéra *exigeait des travaux extraordinaires depuis dix ans. On ne peut bien les apprécier qu'en voyant ce qu'il faut faire, pour monter et faire mouvoir, le même jour, le* décor *d'un ouvrage en trois* actes, *et d'un* ballet; *mais les difficultés se multiplient sur un* théâtre, *comme celui de l'*opéra, *qui, dans sa construction première, n'avait pas cette destination, et dans lequel le service des* machines *trouve, à chaque instant, des obstacles, qui ne peuvent être vaincus qu'avec de l'adresse et de l'expérience.*

*Je me permettrai de dire ici que, puisque l'on s'attend à voir à l'*opéra *des choses extraordinaires, il faut à*

---

temple que le goût voulait élever à *Melpomène* et à *Thalie*, dans le faubourg *St.-Germain*, qui pleure aujourd'hui leur absence.

ce spectacle un théât e où le génie de l'auteur d'un ouvrage, *soit* ballet, *soit* opéra, *ne soit point arrêté par l'impossibilité d'exécuter ses idées.*

La nécessité de construire une salle *d'*opéra *sur un emplacement bien choisi, est aujourd'hui démontrée. Les circonstances seules ont, sans doute, empêché l'exécution des divers projets conçus, pour donner un champ libre au merveilleux de ce spectacle; toute sûreté et toute facilité au public; et au gouvernement, la gloire de consacrer et d'embellir un genre de fêtes presque journalières, qui doivent être l'objet de la curiosité et de l'empressement des étrangers.*

Si la paix, protectrice des arts, *permet de leur faire des sacrifices, je desire que cet* Essai *soit utile à ceux à qui le gouvernement croira devoir confier le soin de construire une salle d'*opéra.

ESSAI

ESSAI

Sur l'art de construire les *Théâtres*, leurs *machines* et leurs *mouvements*.

CHAPITRE PREMIER.

Des dimensions générales, et des principales constructions.

En établissant des *dimensions* principales, je n'entends parler ici que d'un *théâtre* destiné au grand *opéra*. Tout ce dont je parlerai sera relatif à un tel *établissement*. Je me bornerai à faire des observations sur les *principes* applicables aux autres *théâtres*.

Mon objet particulier est donc de parler ici des *dimensions*, de la *construction* et des *machines* du *théâtre*.

Je traiterai après, la partie de la *salle* en général, d'après une *théorie* sûre, qui, j'ose le dire, n'existe pas encore.

La première *dimension*, celle dont dérive toutes les autres, tant pour la salle que pour le *théâtre*, est l'*ouverture* en *largeur* de l'*avant-scène*.

L'*ouverture* de l'*avant-scène* du *théâtre* de l'*opéra* est en *largeur* de quarante-trois piés. D'après cette donnée, il faudrait en *largeur* d'un *mur latéral* du *théâtre* à l'autre, en *dedans œuvre*, le double des quarante-trois piés de l'*ouverture* de l'*avant-scène*; plus, un cinquième. Cet espace est nécessaire pour donner, de chaque côté, la facilité du service des *décorations*. Dans cette *largeur*, les *choristes*, les *comparses*, les *danseurs* attendraient les moments de leurs *entrées*, sans courir des dangers personnels, et sans gêner les *ouvriers* du *théâtre*.

Il faut autant d'élévation au-dessus de la *plate-bande* ou *voussure* de l'*avant-scène*, qu'il y a de *hauteur* depuis le *plancher* de l'*avant-scène* jusqu'à la *plate-bande*; et cette dernière *hauteur*, pour être dans une belle proportion, doit être des *huit dixièmes* de la *largeur* déterminée d'un point de l'*ouverture* de l'*avant-scène* à l'autre.

Cette *élévation* sous le *comble*, se nomme le *ceintre*: c'est la partie supérieure du *théâtre*.

La *profondeur*, sous le *théâtre*, doit être au moins de trente-six piés.

Avec ces *dimensions*, une *décoration* peut monter du *dessous*, et une descendre toute entière du *ceintre*.

La *profondeur* du *théâtre*, c'est-à-dire sa *longueur*, depuis le *point* où tombe la ligne perpendiculaire de la *plate-bande*, jusqu'au mur du *fond*, doit être double de la *largeur* de l'*avant-scène*, non compris le *proscenium*, qui est compté depuis le *rideau* jusqu'à la *rampe* de *lumières*.

Ces dimensions paraissent effrayantes, vu la portée du *comble*. Mais lorsque j'entrerai dans les détails de cette partie, on verra que les moyens d'exécution sont praticables.

Après avoir donné les *dimensions* générales d'un grand *théâtre*, il convient de parler des constructions principales, tels que les *murs*, les *combles*, les *planchers* du *théâtre*, ceux des *corridors* du *ceintre*, ceux sur les *entraits*, nommés *grils*. Ces derniers portent toutes les *machines* du *dessus*, et donnent les points d'appui aux *contre-poids* de cette partie.

Je parlerai aussi de la *division* du *théâtre* par *rues*, dont les *points* de position indiquent les *divisions* des *fermes* du *comble*. Ces *rues* et ces *fermes* ont été jusqu'à présent divisées et placées au hazard. On n'a pas senti que dans ce genre de travaux, le *machiniste* devait être indicateur du constructeur et du charpentier.

L'intérieur d'un *théâtre*, tel que celui dont je traite, ne doit être autre chose qu'une *cage* de *quatre murailles*, dont celle du côté de l'*avant-scène* n'a pas l'élévation des trois autres. Ces *murailles* doivent être bien d'*à-plomb* en dedans, sans *fruit*, sans *talus*, sans *saillies* et sans *ressauts* dans aucunes de leurs parties.

Il est nécessaire de pratiquer dans les quatre *angles* de cette *cage* des escaliers commodes, de fond en comble, pour le service des machines, et pour les divers *mouvements* des ouvriers.

Les *croisées* peuvent se faire tant aux *murs latéraux* qu'à celui du *fond*, à la volonté de l'architecte et selon la décoration extérieure de l'édifice : cependant il serait utile qu'il se concertât avec le *machiniste*, parce que la position des fenêtres peut être telle, que la lumière du

A 2

jour présente habituellement des avantages dans l'exécution des travaux des trois parties du *théâtre*, le *dessous*, le *théâtre* et le *ceintre*. Des lucarnes éclaireront les *combles* et le *gril*.

Ces principes posés, ces *dimensions* exécutées, le *décorateur* et le *machiniste* peuvent se réunir pour faire parfaitement tout ce que l'on peut attendre de leur *art*, qui, jusqu'à présent, ne s'est exercé qu'au milieu de toutes les entraves que présentaient, et que multipliaient des constructions vicieuses. Ceux qui ont bâti des théâtres, les ont retrécis dans les *fonds* par des *loges d'acteurs*, ou par des *magasins*. La *scène* n'a plus qu'une forme longue et étroite. On s'est borné à faire une place aux *acteurs*; mais aucune n'est réservée pour le service. L'auteur du *Devin de Village* fit cette observation : on n'en fit aucun cas. Voltaire fut plus écouté. A sa voix, les *banquettes* disparurent, et la *scène* ne fut plus obstruée par les *merveilleux* de ce temps-là.

Je dois dire pourquoi la construction intérieure des murs doit être faite *à-plomb*. En voici la nécessité : Il faut que des *contre-poids*, quelquefois fort lourds, descendent rapidement le long des *murs*. Si ces *murs* étaient en *surplomb*, ces pesanteurs s'en éloigneraient dans leur *course*; et s'ils étaient à *fruit*, ils seraient dégradés par les frottements.

Tous les *murs* d'un *théâtre* doivent être en briques. Ainsi construits, ils ne craignent pas les effets du feu. Ils doivent avoir au moins sept piés de *parpin*, ou *épaisseur*, au rez-de-chaussée, et six piés à la *hauteur* du *comble*.

Des trois *murs* qui forment la clôture extérieure du *théâtre*, c'est celui du *fond*, dit du *lointain*, qui demande le plus de soin dans sa construction, parce qu'il se trouve très-haut, très-large, et sans aucun *plancher* qui le lie.

Les épaisseurs de ces *murs* paraîtront considérables ; mais il faut calculer ce qu'ils portent en sus des combles ; je veux dire les planchers, grands et petits ; les *machines* ; les *toiles* ; les *ponts* ; les *contre-poids*, et l'ébranlement continuel qu'éprouvent les *combles*, auxquels sont attachées et suspendues toutes les *manœuvres*, et tout l'*équipement* de cette partie supérieure du *théâtre*.

La distribution des *rues*, ou *plans* du *théâtre*, donne la distribution des *fermes* du *comble*.

Les *rues* du *théâtre*, pour être convenablement distribuées, doivent avoir *six piés quatre pouces* de *largeur* chacune. A cette mesure, elles portent trois *charriots* et deux *trappillons*. L'espace d'une *ferme* à l'autre sera donc de *douze piés huit pouces*, de milieu en milieu. Il faut fixer le milieu de la première *ferme*, qui est celle qui doit être la plus près de la deuxième *rue* du *théâtre*. Chaque *rue* porte trois *charriots*, ou *faux-chassis* ; c'est ainsi que l'on appelle les *échelles* qui portent les *feuilles* de décorations. Ces *faux-chassis* sont distants l'un de l'autre de quinze pouces. En mettant le milieu de la première *ferme* un pié en devant du premier *chassis* au deuxième plan ; puis les autres fermes, comme il a été dit, de douze piés huit pouces en douze piés huit pouces, toutes les *divisions* se trouveront justes, et en *relation* avec les *plans* du bas. Cette *théorie* n'a été à l'usage d'aucun constructeur de *théâtres*. Les *fermes*, les *entraits*, la *charpente* y sont divisées et posées au hazard. Quand les théâtres sont construits sur des principes vicieux, on le livre au *machiniste* qu'on n'a point consulté, et on lui dit : *Fais-nous du merveilleux*. Mais alors les choses les plus simples sont très-difficiles à exécuter. Je le répète, sans cette *théorie*, la *pratique* se hérisse de difficultés. Elles s'y multiplient, quand on trouve, tantôt un *vuide* sur un *plein*, et tantôt un *plein* sur un *vuide*, dans les *relations* mal calculées du *dessus* au *dessous*, des *fermes* aux *rues*.

Une *ferme* de charpente, pour le *comble* d'un grand *théâtre*, doit être chargée de bois le moins possible : cependant il lui faut la plus grande solidité et la plus grande force, parce qu'elle a à porter le *comble*; plus, les deux *planchers* des *machines* (car il faut absolument en établir *deux* dans la hauteur du *comble*), toutes les *toiles*, tous les *ponts*. Comptons aussi pour beaucoup les secousses multipliées qu'occasionne chaque changement de décorations.

Une telle *ferme* doit porter trente milliers, et être construite de manière que tous les bois soient *mi-plats*, afin d'occuper moins de place. Voyez l'élévation de la ferme du grand comble, Planche Iere.

Comme on le voit, un tel *comble* doit être plus élevé que les *combles* ordinaires, puisqu'il faut trouver deux *planchers* dans sa *hauteur* : l'un posé sur les *grands entraits* (A); l'autre sur les *seconds* (B), à la distance de dix à onze piés de l'un à l'autre, afin que l'on puisse manœuvrer commodément.

Il faut que le *comble* d'un *théâtre* fasse pignon sur le *mur* du *fond*. S'il était construit en croupe, il serait impossible d'agir dans cette partie. C'est dans le fond que se produisent les plus grands effets, tels que les *orages*, les *mers*, les *monuments* praticables, dont les *mouvements* s'établissent dans cette partie, appelée *lointain*. Le *décorateur* et le *machiniste* n'y doivent trouver aucun obstacle qui contrarie ce qu'ils doivent y faire. Voyez la coupe en long, et ses détails, Planche II.

Les *jours*, ou *croisées* (C), *Planche I*, doivent être ménagés dans les *combles*, de manière que les deux *hauteurs* de *planchers* se trouvent éclairées, ainsi que l'indique l'élévation du *comble*.

Le *plancher* inférieur posé sur les *grands entraits*, se nomme le *gril*, ainsi qu'il a été dit plus haut, parce qu'il est à *claire-voie*, et que les planches qui le composent sont établies à distances égales. Il porte en dessus les *moufles*, les *cylindres*, ou *tambours* (D) et les *cordages*. Il porte en *dessous*, pendus à ses solives (E), les *moufles*, qui font mouvoir les *toiles*, les *ponts-volants* (F), ainsi que ceux qui sont à demeure et fixés. Les *corridors* latéraux (H) sont aussi suspendus à ce *plancher*. Il exige donc une construction de la plus grande solidité. Voici la manière d'obtenir l'une, et les matériaux dont l'autre se compose.

Toutes les *solives* sont posées sur l'*entrait*, et espacées d'à-peu-près deux piés neuf pouces de milieu en milieu. Elles ont de cinq à sept pouces de *gros*, et sont refaites à vive-arrête sur les quatre faces. On les place *de champ*, et sur leur fort, parce que c'est à elles que s'attachent tous les *moufles* pendants, qui enlèvent les différentes *toiles*, et que se fixent les *crochets*, tant des *ponts* à demeure, que des *ponts-volants*. Ces *solives* se fixent sur l'*entrait* par des *crémaillères*, qui les tiennent d'écartement. Ainsi placées, elles sont inébranlables, et cependant susceptibles d'être déplacées au besoin. Cette manière de les tenir fixées et mobiles, à volonté, sur les *entraits*, est essentielle.

Voici la manière de les poser : On prend le *milieu* du *théâtre* sur l'*entrait*. A six lignes de distance, et de chaque côté de ce *milieu*, on place une *solive* ; ce qui laisse un *pouce* entre les deux premières *solives* ; et du milieu de chacune d'elles, on divise les autres, ainsi qu'il est indiqué plus haut, d'à-peu-près deux piés six pouces, de milieu en milieu. Le vuide qui se trouve entre les deux premières *solives* se nomme le *pouce*. On les place ainsi à un pouce l'une de l'autre, afin de pouvoir trouver toujours la ligne du milieu libre d'un bout du théâtre à l'autre. S'il y avait une *solive* sur cette ligne, elle serait continuellement percée de trous pour les différents objets à y placer, ou à y *régler*.

A l'à-plomb des *corridors latéraux* du *ceintre*, on place sur les mêmes *entraits* deux *solives* plus fortes que les autres. Elles ne peuvent avoir moins de sept pouces sur neuf. On les espace à quatre pouces l'une de l'autre. C'est à ces solives que sont suspendus les corridors. Il les faut d'un bon choix ; car en sus des *corridors* qu'elles soutiennent, parce qu'ils y sont pendus, elles portent encore *l'à-bout* des *ponts* à demeure et des *ponts-volants* ; plus, tous les *moufles* des *appels* des diverses *toiles* à enlever,

enlever. On a soin que toutes ces *solives* soient bien alignées de milieu en milieu.

Tout ce *solivage* étant ainsi disposé, on pose le *plancher* ou *gril*, et on choisit, pour le faire, de fortes planches de sapin. Elles se placent transversalement sur les *solives*, à dix lignes l'une de l'autre, et sont maintenues, mais légèrement, avec des clous, parce qu'on a souvent besoin de les déplacer. Il convient de les tenir bien égales de *largeur*, et de poser la première bien parallèle au premier *plan* du *théâtre*. De cette manière, quoique le dessous de ce *plancher* soit sans cesse embarrassé des *ponts* et des toiles, et que le *dessus* soit chargé de *cordages* sans nombre, de *moufles*, etc. l'*ouvrier machiniste* retrouve toujours *ses joints*, qui lui donnent invariablement les à-plombs des *plans* du *bas*; ce qui facilite beaucoup toutes les opérations, lorsqu'on *plante* une *décoration* au *théâtre*, c'est-à-dire lorsqu'on l'y *établit* et l'y *règle*.

C'est aux *solives* de ce *plancher* ou *gril*, que sont suspendus les *ponts à demeure* et les *ponts-volants*. Les premiers, en sapin, ont ordinairement soixante piés de long, quinze pouces de large, et deux pouces six lignes d'épaisseur. Ils sont portés par des *étriers* en bois, fixés très-solidement aux *solives* par des *étriers* en fer. Un *pont* de cette longueur ne pouvant être d'une seule pièce, on a soin de placer les *étriers* sous les joints des *madriers*, dont il est formé. On attache, à hauteur convenable, sur les *étriers*, et de chaque côté du *pont*, des *appuis* en bois, ou *garde-fous*. Tous ces *ponts* sont ordinairement six piés au-dessous des *solives* du *gril*. C'est de dessus ces *ponts* que l'on *enlève* et *règle* toutes les toiles.

Les *ponts-volants* ne sont suspendus que par des *étriers* de *cordage*, et ils n'ont d'autre *appui*, ou *garde-fou*, qu'une *corde* tendue d'un *étrier* à l'autre. Leurs *étriers* sont pendus aux mêmes *solives* que les *ponts* à demeure. Ils doivent être le plus légers possible, parce que, pendant le cours du spectacle, ils peuvent être *levés* ou *baissés* plusieurs fois. On les fait de planches de sapin, de dix pouces de large, sur quinze lignes d'épaisseur, entées l'une sur l'autre. En les plaçant, on a soin de faire correspondre chaque *ente* à-plomb d'un *étrier*, afin de les rendre plus solides. C'est de dessus ces *ponts* que les *allumeurs* se placent, pour faire, avant et après le spectacle, le service des *rampes* ou *herses*, qui portent dans des étuis à ressorts les bougies qui doivent éclairer les *plafonds* et les *bandes d'air*. Ils servent encore à donner les premiers secours, en cas d'incendie.

Comme ce sont les *solives* de ce *gril* ou *plancher*, qui portent les *toiles*, les *rampes* ou *herses* de lumières, et les deux espèces de *ponts* dont je viens de parler, toutes parties fort lourdes, il faut avoir la précaution de ne pas charger les mêmes *solives* de tous les fardeaux. On les doit partager de manière que les *solives* qui portent les *ponts*, ne portent pas les *toiles*. J'observe que cette précaution, négligée jusqu'à présent, est essentielle dans un grand *théâtre*. Faute de cette attention nécessaire, j'ai vu des *solives* rompre par le fardeau ; ce qui est un dangereux accident, très-difficile à réparer.

Nous allons expliquer comment sont *équipées* et suspendues les *toiles* qui couronnent les *décorations*, sous le nom de *plafonds* pour les *palais* et les *appartements*, et sous celui de *bandes d'air*, ou *ciels*, pour les autres usages. Elles sont tendues de toute leur *largeur* sur des bâtons de *frêne*, et suspendues dans leur *longueur* par autant de *cordages* qu'il en est besoin. Ces *cordages* sont ordinairement au nombre de huit, et fixés aux *solives* du *gril* ou *plancher*, par des *crochets* de fer, au moyen d'une *boucle* qui reste dans ces *crochets*. L'autre *bout* du même *cordage* est attaché, à demeure, à la *perche*, qui porte le *bout* supérieur de la *toile*. Ces cordages se nomment *cordes-mortes*, ou *faux cordages*, parce qu'ils restent aux *toiles*, et ne s'en détachent jamais. Leur service est de *régler* la juste *hauteur* des *toiles* qu'ils portent. Ces toiles, une fois *réglées*, le sont de même et toujours, lorsque leur *service* les rappelle au *théâtre*.

Les grands *rideaux*, *toiles* dites de *fonds*, ou autres, qui ferment le *théâtre* dans sa *hauteur* et dans sa *largeur*, se *règlent* de la même manière pour préparer leur manœuvre. Il en est de même du *rideau* de l'*avant-scène*.

Le second *plancher* dans la *hauteur* du *comble*, est placé sur le *second entrait*; il est fait en *gril*, et semblable au précédent. Son usage ordinaire est de recevoir toutes les *machines* qui, dans les grands *théâtres*, enlèvent les *plafonds* des *salles de bal*, de *concert*, ou tout autre objet d'un *service* moins actif que les opérations ordinaires. Comme le grand *gril*, il est chargé de *cylindres*, *tambours*, *moufles*, *treuils*, etc.

CHAPITRE II.

Des Corridors *du* ceintre.

J'AI indiqué, dans le *Chapitre* précédent, les *planchers latéraux*, ou *corridors*. Ils sont au nombre de quatre; deux de chaque côté, à des hauteurs différentes.

Les premiers (I) sont élevés de trente-un piés au-dessus du *théâtre*. Ils suivent dans leur *longueur* la même *pente* que le *théâtre*, afin qu'un *chassis* qui passe *dessous* au premier *plan*, y passe de même au douzième. Le second *plancher latéral*, ou *corridor* (K), est *de niveau*, ainsi qu'il a été dit. Les uns et les autres sont *pendus* au *comble* par un *bout*. L'autre *bout* porte dans les *murs*, et y est retenu par des *ancres* de fer. Tous les quatre exigent la plus grande solidité. Voici comme ils se construisent:

Entre les deux fortes *solives* qui ont été indiquées à quatre pouces l'une de l'autre sur le grand *gril* ou *plancher*, on assemble des *supports* en bois, qui sont suspendus après les *solives*. Ils ont à-peu-près trente-cinq piés de *long*, et cinq à six pouces de *gros*. Espacés convenablement, ils portent les *échelles fixes*, par lesquelles on monte aux différentes *hauteurs* des *ponts* et des *planchers*.

C'est après ces *pièces* pendantes que s'assemblent les *solives* de ces deux *planchers latéraux*. Leur bâtisse, quoique très-solidement établie, doit être disposée de manière que l'on puisse les démonter facilement. (*Voyez*

Planche III, A et B.) Les *solivès* de ces *planchers* doivent avoir cinq à six pouces de gros, et être recouvertes de planches ajustées par *trappes*, pour les lever au besoin.

Le plus bas (A) de ces *corridors* n'est chargé que des *ouvriers manœuvrants*, et des *retraites*, ou *cordages*, qui font *mouvoir* toutes les *machines* dans cette partie. Toutes les *machines* du *haut* se *lachent* de ce *corridor*, parce que, de cette *hauteur*, l'*ouvrier manœuvrant* voit ce qu'il fait *mouvoir*.

Le second *corridor* (B), au *dessus* du précédent, est beaucoup plus chargé. Il porte touts les *contre-poids*, les *treuils* et leurs *équipages*. Il est *en retraite* du premier, de seize pouces. Cette distance est nécessaire, pour laisser la liberté du passage entre les *supports* du premier, afin de pouvoir, par les *échelles fixes* qui y sont pratiquées, monter par-tout, même sur le grand *gril*, où toutes les *échelles* doivent donner la facilité d'arriver.

On établit sur ces *corridors* de forts *bâtis* de charpente, portant des *pièces* de bois cylindriques, et fixées, pour y passer les *cordages*, qui servent de *modérateurs* à touts les *mouvements* de cette partie. (*Voyez* les détails de la Planche III, A et B.)

S'il reste des incertitudes à l'*artiste* qui voudra s'instruire dans ce genre de construction; si l'*amateur* des *arts méchaniques*, curieux de suivre l'appareil de touts les *travaux* que je décris, n'a pu trouver ici touts les *détails*; je les préviens qu'ils sont trop nombreux, pour être touts présentés dans un *Essai*. Je me ferai un plaisir de leur donner des explications. Elles seront mieux saisies sur le *théâtre*, où les démonstrations ont toute leur force, lorsque l'œil a devant lui l'objet même. Les inviter à me les demander est déjà une jouissance ; les leur donner, un devoir : car mon expérience de tant d'années ne doit pas être perdue. C'est ce motif qui me fait écrire. J'espère qu'avec cet Essai, un *machiniste* acquerra plus promptement les connaissances dont il a besoin, qu'il ne m'a été possible de les acquérir. On perd beaucoup de temps à régler la *pratique*, et à faire une *théorie*. Je desire qu'après moi, mes successeurs en perdent le moins possible. Les tâtonnements dans les *arts* occasionnent des dépenses, qui peuvent être mieux employées pour leurs progrès.

Après avoir parlé du *ceintre*, de ses *corridors*, descendons au *théâtre*, et parlons de ses *constructions* principales. Nous traiterons ensuite de celle de ses *planchers* ; et nous parlerons des relations qu'ont ensemble ces trois parties : le *dessous*, le *théâtre*, et le *ceintre* ; puis des détails des *machines* relatives à chaque partie ; de leur *équipement* ; de leurs *constructions*, et des *matériaux* à employer.

CHAPITRE III.

Du plancher *du théâtre, et des* trappes.

LE *théâtre* a deux *planchers :* le *théâtre*, proprement dit (Pl. IV, A), et le *plancher* du *dessous* (B.)

Entre le *théâtre* et les *corridors latéraux*, dans une *hauteur* de trente-un piés, il n'existe rien que des *caisses* appliquées le long du *mur*, pour recevoir et conduire les *contre-poids*. Ces *cheminées* (elles se nomment ainsi, parce qu'elles en ont à-peu-près la forme), sont, de *haut en bas*, *fixées* aux *murs* par de doubles *équerres* en fer fortement scellées. Elles se font en *madriers* de sapin, et ont intérieurement quinze pouces carrés. Leurs *positions* se déterminent selon le *placement* des *contre-poids*.

Le *plancher* d'un grand *théâtre* doit s'ouvrir dans toutes ses *parties*, et cependant être construit de manière à avoir la plus grande solidité. La plus grande fatigue qu'il éprouve, c'est quand une troupe y *manœuvre*. L'égalité du pas imprime un *mouvement* à tout ce qui le compose.

On le fait en *planches* de sapin (1) de quinze lignes

---

(1) Il est à souhaiter que, pour la *confection* de ce *plancher*, on n'emploie plus cette espèce de sapin des *Vosges*, dont les parties ligneuses les plus dures forment dans son *fil* des arrêtes, qui, par leur dureté, résistent aux frottements, tandis que les autres parties plus

d'*épaisseur*, bien sèches et sans nœuds. Si le bois n'est pas sec, il se retire, et les *joints* perdent leur solidité. S'il y a des *nœuds*, le bois mou qui les environne, s'use; le nœud reste, s'isole et blesse les piés des *danseurs*. Ce *plancher* se fait par petites *tables*, ou *trappes* d'à-peu-près trois piés huit pouces carrés. Chacune de ces *trappes* est barrée de deux *barres* de quatre pouces de large, attachées à vingt-une lignes de leur *abouts*. Cette *largeur* de vingt-une lignes est à toutes de la même *épaisseur*, afin que le *plancher* soit le plus uni possible. Les *barres* qui unissent les *planches* de ces *trappes* sont bien *dressées*, afin de servir de *conduite* lorsque l'on ouvre, ou ferme les *trappes*.

Les autres parties du même *plancher* dans les *plans* des *chassis* sont composées de *grands*, et de petits *trappillons*. Les *petits* servent au passage des *faux-chassis*, qui portent les *feuilles* de *décorations* : les

---

tendres y cèdent. Il en résulte des inégalités, et des *lisses* très-préjudiciables aux *danseurs*.

On doit substituer à ce sapin celui d'*Auvergne*, dont toutes les parties ligneuses sont toutes égales, plus souples, plus douces, et toutes, à-peu-près, uniformément spongieuses.

Il y a possibilité de le faire arriver à Paris, sans de grands frais.

On le ferait embarquer sur l'Allier, à Pont-du-Château. Il arriverait ici par la Loire, et nos canaux de l'Orléanais.

La danse me paraît devoir commander l'usage de ce sapin. Plus perfectionnée, elle hazarde des choses difficiles. Le machiniste doit lui donner tous les moyens de les exécuter, qui sont à sa disposition, et diminuer les dangers de glisser sur des parties de bois, que le frottement rend très-lisses.

grands servent à celui des *fonds*, ou *fermes*, qui montent du *dessous*. On ferre ces derniers à *charnières*, pour les fermer et les ouvrir au besoin. Ces *trappillons*, grands et petits, sont de même bois, et de même épaisseur que les *trappes*. Pour leur donner la solidité convenable, on passe dessous ces planches, en sens contraire de leur fil, des *barres* de bois de hêtre, que l'on entaille dedans au tiers de l'épaisseur, et que l'on attache fortement à la *planche*. Alors ces parties du *plancher*, quoique très-mobiles, sont aussi solides que les *trappes*. Ce *plancher* ainsi construit dans un espace de cinquante piés en *largeur*, et dans toute son étendue en *profondeur*, n'est fixé nulle part. Toutes ses parties sont mobiles, et elles peuvent se placer et se déplacer à volonté. Les autres parties, telles que celles des *côtés*, et celles de *l'avant-scène*, sont à demeure, et faites comme tous les planchers de ce genre. Un plus long détail sur ce qui les concerne, serait donc inutile.

L'usage des *trappes* n'est pas seulement de composer toutes les parties mobiles du *plancher* du *théâtre* : elles ont encore une autre destination; c'est de disparaître, et d'établir des *vuides*, pour donner *passage* aux objets, qui doivent monter du *dessous*, et paraître sur la *scène*. Il faut qu'elles puissent faire ces *vuides*, soit en se *retirant* à droite, soit en se *retirant* à gauche, sous les autres *trappes*. Pour être propres à ce service, voici la manière de les disposer sur les *sablières*, qui les portent :

La *ligne* indiquée, Planche IV, se nomme la *levée*. A partir de cette *levée* jusqu'à vingt-trois piés de distance de chaque côté, on *entaille* à moitié de son *épaisseur*, et à vingt-une lignes en *contrebas*, la *sablière*, ou *solive* portant ce *plancher*. Cette *entaille* sur quatre piés de long, partant des vingt-trois piés, allant au *milieu*, commence à rien, et au bout des quatre piés atteint le *refouillement* des vingt-une lignes ; *refouillement* qui se continue dans toute la *longueur* des *solives* ou *sablières*, qui portent les *planchers* formés de *trappes*, jusqu'à leur *abouts* aux *murs*. Il est aisé de concevoir que la première feuille de *trappes*, par chaque *bout* d'une *rue*, étant portée sur un *refouillement* en *pente* de vingt-une lignes, se trouve pencher de vingt-une lignes plus bas que la partie du *plancher* à demeure; qu'ainsi *penchée* elle touche au *fond* du *refouillement*, et que par conséquent, en poussant cette première *trappe* qui a baissé, on la fera couler sous le *plancher* à demeure, comme aussi toutes celles qui obéiraient à l'impulsion qui la fait *mouvoir*, en partant ou de la *levée*, ou de tel autre *point*, selon le besoin et la place des ouvertures à faire. Lorsqu'il faut *refermer* ces *ouvertures*, les *trappes* reviennent à leurs places en *coulant* sur les *sablières* et dans le *refouillement* qui leur a été préparé.

Parlons à présent du moyen de les *ouvrir*, de les *fermer* et de *remonter* à sa *hauteur* ordinaire la première qui a baissé. (Voyez Pl. V, fig. 1 et 2). A la partie inférieure du *plancher*, à vingt-quatre piés neuf pouces du *milieu* (la *levée* est à vingt-trois), on *emmanche* dans les *sablières* (A) un *rouleau* (B) dont le *tourillon* est placé à quinze lignes du *centre*, et posé de manière que par un *levier* (C) qui est *emmanché* dans le *rouleau* (B), en le faisant *mouvoir* d'un *quart de cercle*, la *trappe hausse* ou *baisse* des vingt-une lignes demandées. Aprés cette opération, très-simple dans l'exécution, on attache, au-dessous du *plancher* à telle *trappe* qu'il convient d'ouvrir, un *cordage* (D) qui passe sur un *rouleau* (E) placé deux piés plus loin que la *levée*, c'est-à-dire á vingt-cinq piés du *milieu*; puis, *à bras*, on *ferme* ou on *ouvre* les *trappes*.

Passons aux *détails* de la charpente qui porte touts les *planchers* du *dessous*. Nous parlerons ensuite des *charriots* ou *faux-chassis* qui portent les *décorations*.

CHAPITRE IV.

De la charpente *qui porte les* planchers *du* théâtre.

La *charpente* des différents *planchers* du *dessous* (Pl. Iere.), doit être en chêne *corroyé* à la *varlope*. On en pose les *plates-formes* (L) sur des *parpins* de pierre (M). Sur ces *plates-formes* s'élèvent des *poteaux* (N) qui portent les *sablières* du premier *plancher* en montant. Ces *poteaux* ont ordinairement quatre à six pouces de *gros*, et de dix-huit à vingt-deux piés de *long*. Ils supportent le *ralongement* de la *pente* du *théâtre*, les autres *planchers* étant *parallèles* à cette *pente*. On les *place* à sept piés d'écartement l'un de l'autre, en observant de n'en point mettre sous la *ligne* du *milieu* du *théâtre*. Les *sablières* qui *coëffent* ces *poteaux*, et qui portent ceux du deuxième *plancher*, peuvent n'avoir que cinq à six pouces de *gros*. Elles doivent se *poser* de *plat*, et *coëffer* dans leur *longueur* trois *poteaux*. Il faut avoir soin que les *joints* de ces *sablières rencontrent l'à-plomb* d'un *poteau*, et éviter que tous les *joints* des *sablières* se rencontrent sur une même *file*, ce qui ne serait pas solide.

Sur cette première *sablière s'emmanchent* les *poteaux* (P), qui portent le second *plancher* (plancher intermédiaire). Ils ont ordinairement quatre à six pouces de *gros*, et six piés neuf pouces d'*arrasement*. On les *emmanche à-plomb*, mais sur le *travers* de la *sablière*, afin de donner plus de *portée* à l'*arrasement*. Ils sont *coëffés* par la *sablière* (Q), qui *porte* le *roulement* des *charriots* des *faux-chassis*. Cette *sablière* doit avoir cinq pouces d'*épaisseur* et sept pouces six lignes de *largeur*. Elle est plus *large* que celle d'en *bas*, parce qu'elle reçoit les deux *files* de *poteaux*, qui *portent* les *sablières* qui *reçoivent* le *plancher* du *théâtre*. Les *joints* de ces *sablières* doivent se *rencontrer* sur les *à-plomb* des *poteaux*; parce qu'elles *reçoivent* chacune au milieu de leur *largeur*, et dans toute leur *longueur*, une *lame* de *fer* de cinq lignes d'*épaisseur* sur vingt-une de *large*, qui sert au *roulement* des *charriots*, qui portent les décorations. On y pratique une *rainure* de cinq lignes carrées, pour recevoir cette *lame*. Les *poteaux* qui *portent* les *sablières* du *théâtre* s'*emmanchent* dans celles que je viens de décrire. Ils sont du double plus nombreux que ceux des *planchers* inférieurs, et placés deux à deux à côté l'un de l'autre, ce qui donne deux *files* de *sablières* sur chaque *à-plomb*, dont une a deux pouces huit lignes d'*épaisseur*, l'autre trois pouces, et toutes cinq pouces de *large*. Comme ce sont elles qui *reçoivent* le *plancher* du *théâtre*, il faut les *dresser* en *dessus*, suivant sa *pente*. Celles qui ont trois pouces d'*épaisseur* sont celles qui *reçoivent* les *feuillures* ou *refouillement* de vingt-une lignes pour le *jeu* des *trappes*. C'est dans le *vuide* de quatorze lignes qui est entre ces deux *sablières* que *roulent* les *charriots* des *faux-chassis*. La *hauteur* du *plancher* du *dessus* au *dessous* de ces *sablières* est de six piés. A cette mesure un homme *atteint* facilement le *dessous* des *trappes*. Les *poteaux*, dans cette *hauteur* de *plancher*, doivent avoir quatre pouces de *large* sur vingt-une lignes d'*épaisseur*.

Les *sablières* (R), qui *portent* le *plancher* du *théâtre*, exigent un choix particulier du bois à employer. Comme elles n'ont pas une grande *épaisseur*, et qu'elles ont vingt-deux piés de *long*, elles ne peuvent être prises que dans de gros bois refendu, qui ordinairement n'est pas bien sec. Si l'on n'a pas évité cet inconvénient, ces pièces se tourmentent, et leur mouvement établit des inégalités, qui contrarient les opérations dans cette partie. La *pose* et l'*emmanchement* de ces *sablières* exigent le plus grand soin.

Je n'ai parlé que de la *travée* de *charpente* qui doit être sous un seul *charriot*. Un *plan* entier en a *trois* à côté l'une de l'autre : elles sont entièrement semblables. On voit donc que, dans un espace assez étroit, il y a six *sablières*. La *première* et la *dernière* dans chaque *plan*, sont celles qui ont trois pouces d'*épaisseur*. Ce sont celles qui *portent* les *bouts* des *trappes*. Les autres n'ont que deux pouces huit lignes d'*épaisseur*.

Le *vuide* entre chaque *sablière*, pour le *passage* des *charriots*, est de quatorze lignes : celui des *trappes* est de trois piés trois pouces six lignes.

Voici les *détails* et *mesures* en *largeur* d'une *rue*, ou *plan* de *chassis* :

	p.	po.	l.
La première *sablière* ou *solive*, celle qui reçoit les *trappes*, a trois pouces d'*épaisseur*.		3	
Le *vuide* pour le *roulement* du *charriot*, un pouce deux lignes		1	2
La deuxième *sablière* a d'*épaisseur* deux pouces huit lignes		2	8
Le *vuide* pour le grand *trappillon* entre les deux *sablières*, huit pouces.		8	
La troisième *sablière*, deux pouces huit lignes.		2	8
Le *vuide* pour le *roulement* du deuxième *charriot*, un pouce deux lignes		1	2
La quatrième *sablière*, deux pouces huit lignes.		2	8
Le *vuide* pour le *trappillon* entre les deux *sablières*, huit pouces.		8	
La cinquième *sablière*, deux pouces huit lignes.		2	8
Le *vuide* pour le troisième *charriot*, un pouce deux lig.		1	2
La sixième *sablière*, celle qui reçoit l'autre *abouts* des *trappes*, trois pouces.		3	
	piés. 3	»	lig. 2

L'*établissement* d'une *rue* occupe donc trois piés deux lignes...................	3 p.	» po.	2 l.	piés. 6 pouc. 4 »
D'une *sablière* à l'autre, pour le vuide des *trappes*, trois piés trois pouces dix lignes...................	3	3	10	

Ce qui donne, pour l'espace d'une *rue* entière, du *devant* au *devant*, six piés quatre pouces.

Il n'en faut pas moins pour assurer une suffisante liberté des *mouvements*.

Il faut *monter* de même toutes les autres *rues*, ou *plans* du *théâtre*, et les *enchaîner* les unes aux autres aux distances qui conviennent, et d'une manière inébranlable; mais sans perdre de vue que toute cette immense *bâtisse* puisse se *démonter* au besoin, pièce par pièce, et très-promptement.

Comme nous l'avons indiqué plus haut, les *plates-formes* de toutes les *fermes portent* sur des *purpins*, ou *dez* de pierre. Je vais dire comment on doit s'y prendre pour *poser* cette *charpente*.

On *pose* la première *ferme* du *fond* du *théâtre* à la distance convenue du *mur* du *lointain*, et on la *fixe* par des *crochets* de fer, dont les *pitons* sont fortement *scellés* dans la *muraille*. Comme il faut que touts les *planchers* se *démontent* à volonté, touts ces *crochets* sont *mobiles*. (*Voyez* Planche II, coupe en long.)

Les

Les *écartements* d'une *rue* à l'autre sont *entre-tenus*, dans le *vuide* des *trappes*, par des *entre-toises* en bois, servant de *solives* pour tous les *planchers*, et *fixés*, entre les *sablières*, par des *crampons* de fer, qui *entrent* très-juste dans des *gaches arrêtées* sur ces *sablières*. On *divise* les *entre-toises* en nombre convenable, pour *recevoir* les *planchers*. L'espace des *trappillons*, *petits* et *grands*, est *tenu* en *écartement*, par des *crochets* de fer, de l'un à l'autre; ce qui fait *chaîne* depuis la première *ferme* jusqu'à la dernière. Les *crochets* doivent être très-justes dans leurs *pitons*, parce que le moindre *jeu* donne un mouvement général à toute cette construction, et aux *planchers*; ce qui est très-dangereux. On sent bien que touts ces *crochets* sont *tournants*. La *chaîne* que je viens de décrire, est celle du premier *plancher*. Il y en a une pareille à chaque *hauteur* de *plancher*.

Poser à-plomb cette *charpente*, ce serait l'exposer à de grands inconvéniens. On lui donnera, dans toute son *élévation*, quinze lignes de *surplomb* vers le *mur* du *fond*, ou *lointain*. Faute de cette précaution très-essentielle, la totalité de cette *bâtisse* serait, à cause de la *pente* du *théâtre*, bientôt *ramenée* vers l'*orchestre*, par les opérations journalières, et les grands mouvements de la *scène*.

Les *planchers* inférieurs dans les différents points d'*élévation* de cette partie, se font en *planches* de sapin, *assemblées* à *rainure* et *languette*, et solidement *barrés*. On ne leur donne pas plus de neuf piés de *long*, parce qu'il serait difficile de manier ces *feuilles*, dont la réunion forme les *planchers*, si elles étaient plus longues.

CHAPITRE V.

Des Charriots *qui portent les* faux-chassis.

LORSQUE les principales *constructions* du *théâtre* sont faites, les *charriots* sont les premiers objets dont il faut s'occuper.

Il y a trois *charriots* par chaque *plan*, ou *rue*. Le théâtre de l'*Opéra* a *treize plans* de chaque côté.

En donnant les *détails* de *construction* d'un *charriot*, je les applique aux autres : ils se ressemblent touts. (*Voyez* Planche VI.)

La *largeur* commune des *faux-chassis* est de cinq piés en *dehors*; leur *hauteur* de vingt-deux à vingt-quatre. Ils diffèrent entre eux d'*étendue* et de *nombre* de *cases*.

Le *charriot* se compose d'un fort *patin* (A) de chêne, de huit piés de *long*, sur huit pouces de *large*, et trois d'épaisseur. On *emmanche* dans ce *patin* quatre *montants* (B), de trois pouces sur cinq, de la *hauteur* du dessus du *patin*, jusqu'au *dessus* des *sablières* du *plancher* du *théâtre*. Dans ces quatre *montants*, deux piés trois pouces plus *bas* que le *dessous* de ces *sablières*, *s'emmanche* une *entre-toise* (C) de sept pouces de *large* et trois d'*épaisseur*. Ces *montants* laissent entre eux une *case* de cinq pouces sur trois de vuide, de chaque côté du *charriot*. C'est dans cette *case* (D) que se *place* la partie du *faux-chassis* (E). Ces quatre *montants* sont *tenus* à la *tête*, mais un pouce en *dessous* des *sablières* du *théâtre*, par deux *plates-bandes* de fer (F), l'une *devant*, l'autre *derrière*, qui y sont *attachées* par des *boulons* à *écrou*. Les *bouts* de ces quatre *montants*, c'est-à-dire ce qui excède les *plates-bandes*, sont formés en *tenons* de toute la *largeur* du bois, mais d'un pouce d'*épaisseur*. Ces *tenons* passent entre les *sablières* du *plancher* du *théâtre*, distantes l'une de l'autre de quatorze lignes. Ce sont eux qui maintiennent droits les *charriots* et les *faux-chassis* qu'ils portent, lorsque les *roulements* ont lieu. Cette *construction* de la *tête* du *charriot* en forme de *tenons*, est nécessaire pour maintenir cette partie entre les *sablières*. Il est une autre précaution à prendre pour régulariser et fixer sur la ligne perpendiculaire, indiquée par le milieu du *tenon*, pris dans sa *longueur*, la ligne de *course* du milieu du *patin*, prise aussi dans sa *longueur*. On *assemble* dans chaque *bout* du *patin* une *poulie* de cuivre (G), de douze pouces de *diamètre*, dont la *gorge* a quatorze lignes de *profondeur*. Cette *gorge* entre dans la *lame* de fer (H) *encastrée* dans la *sablière* du *plancher* du *dessous*, et elle roule *dessus*.

Il est nécessaire d'expliquer pourquoi je fixe la *profondeur* de la *gorge* de la *poulie* à quatorze lignes. Lorsque les *charriots marchent* très-rapidement, ils éprouvent une secousse en arrivant au point de leur *arrêt*. Cette secousse dégage la *poulie* de la *lame* de fer. Alors la peine de la replacer se joint à la perte du temps pour des ouvriers, dont touts les mouvements sont comptés sur la mesure de l'*orchestre*, qui conduit tout à l'*Opéra*.

J'ai rendu impossible ces accidents ; et on va le concevoir aisément.

On se rappelle que les *montants* des *charriots*, décrits ci-dessus, ont chacun un *tenon* d'un pouce d'*épaisseur* en tête, qui passe entre les deux *sablières* du *théâtre* ; que le bois de ces *montants* a trois pouces d'*épaisseur* ; et que par conséquent il reste deux pouces d'*arrasement* après le *tenon*. En tenant donc cet *arrasement* huit lignes plus *court* que le *dessous* de la *sablière*, afin qu'il n'*accroche* nulle part en marchant, jamais aucun mouvement rapide ne *dégagera* la *poulie* de sa *lame* ; parce que la *gorge* étant de quatorze lignes, et la *tête* du *charriot* n'ayant que huit lignes de *jeu* entre la *sablière* et l'*arrasement* du *montant*, le mouvement de *bascule* du *charriot* ne peut être tel, que la *poulie* puisse se *dégager* ; puisque de ces quatorze lignes (le *soulèvement* du *charriot* tendant à *basculer* ne pouvant être que de huit lignes), il en reste six qui suffisent pour empêcher le *dégagement* de la poulie de sa lame, encore *engrenée* de ces six lignes. Cette *construction* assure la *course* des *charriots*. Sans la précaution indiquée ici, ils pourraient *basculer* au point d'occasionner un *faux-arrêt*, par lequel le *charriot*, et le *faux-chassis* qu'il porte, n'arriverait point à la place *réglée*.

Chaque *bout* du *patin* est *armé* d'une *frette* (J) carrée. Elle assure un *crochet* à *ressort*, qui reçoit la *boucle* du *cordage* qui transmet au *charriot* le mouvement du *contre-poids*.

Je parlerai des *cordages*, de la manière de les *équi-*

per, et de leur usage, lorsque je traiterai des *mouvements*.

Les *charriots* restent toujours dans le *dessous*, et les *faux-chassis* au *théâtre*. On *emmanche* ceux-ci dans les *charriots*. Ils sont nommés *faux-chassis*, parce qu'ils ne sont pas *décorés*. Ils *portent* les *chassis* ou *feuilles* de *décorations*. Leur *largeur* est de cinq piés, et leur *hauteur* de dix-huit à vingt-quatre. Ils sont faits de deux *montants* (K) de cinq pouces de *large*, et de trois pouces d'*épaisseur*. Leur partie *inférieure* entre de trois piés dans le *charriot*. On les assemble à un pié au-*dessus* du niveau du *théâtre* par une *traverse* de chêne (L) de six pouces de *large*, et de trois pouces d'*épaisseur*. Leur *assemblage*, dans la partie *supérieure*, est fait par deux *traverses* de chêne, mais seulement de quatre pouces de *large*, et *distantes* d'un pié l'une de l'autre. Entre la *traverse* d'en-bas, et la plus *basse* des deux d'*en-haut*, il reste un espace d'environ dix-sept piés, selon la *hauteur* dégradée du *faux-chassis*. Dans cette *hauteur*, sur le *montant* de *derrière*, on *établit* une *échelle* (M) de huit pouces de *large*, pour monter au *faux-chassis*, et pour y attacher la partie *supérieure* de la *feuille* de *décoration*, qui doit être *fixée* à un de ses points élevés avec une corde. Il convient que ces *échelles* se démontent très-facilement.

Les deux grands *montants* de ces *faux-chassis*, c'est-à-dire ceux qui entrent dans les *charriots*, sont *amincis* à un pouce d'*épaisseur*, de toute la *longueur* nécessaire à leur *position* dans le *charriot*. (Voyez Pl. VI, fig. 1). Mais comme un bois si mince serait trop faible, toute cette partie est *renforcée* par un *étrier* de fer, qui embrasse les *montants* dans leurs parties *minces*, et remonte quatre piés au-*dessus* du *théâtre*. On *fixe* solidement ces *étriers* par des *boulons* à *écrou*. Les *branches* en dedans du *faux-chassis* sont *percées* à un pié au-*dessus* du *théâtre*, d'une *mortaise* pour recevoir la *traverse* d'en-*bas* (L).

Ces *faux-chassis* doivent *entrer* et *sortir* facilement dans les *charriots*, mais avec très-peu de *jeu*.

Les *détails* à voir à la Planche VI sont suffisants, avec ce que je viens de dire.

CHAPITRE VI.

Des machines, *des* mouvements, *et de la manière de les* équiper.

CES premières *constructions* étant faites, le *théâtre* est disposé à recevoir les *machines*. Nous allons parler de la manière de les *équiper*, de les faire *mouvoir*, et rendre compte de l'*exécution*, en suivant leurs *effets*. C'est ici que va devenir sensible la nécessité d'une *pratique* qui ne sera correcte qu'autant qu'elle s'appuiera sur une bonne *théorie*.

Il faut que l'on se rappelle que la *charpente* du *dessous* du *théâtre* est *divisée* par *rues*, et par diverses *hauteurs* de *planchers ;* que toute cette *charpente* est posée sur des *parpins* ou *dez* de pierre, d'un pié de *haut* hors du *sol ;* et enfin, que les premières pièces de cette *charpente* sont des *plates-formes*.

C'est au-dessus de ces *plates-formes* que s'*établissent* les *arbres*, destinés à recevoir les *cylindres*, ou *tambours* qui font tout *mouvoir*, lorsqu'ils *obéissent* au *mouvement* des *contre-poids*.

L'usage est de placer un *arbre* dans la *travée* du *milieu* (Pl. VII, fig. A), et entre les deux *poteaux* de cette partie. C'est ordinairement cet *arbre* qui sert aux *mouvements* des *chassis*, connus sous le nom de *changements*.

Les autres *arbres* se *placent* de même dans le *milieu*

des *travées* : mais de deux, on en laisse une *vuide*. Ainsi se forment des *rues*, pour aller promptement d'un *poste* à l'autre, (Pl. VII).

On voit que l'*arbre* du *milieu* étant placé, les *travées*, à sa *droite* et à sa *gauche*, sont libres. D'autres *arbres* se *placent*, de droite et de gauche du *dessous*, dans les autres *travées*, tant qu'il y en a, en laissant une *travée* vuide.

Touts ces *arbres* sont de *longueurs* inégales, et ils doivent avoir touts de huit à neuf pouces carrés.

Déterminons ces *longueurs*. L'*arbre* du milieu destiné à faire les *changements* de *décorations* fixées sur les *faux-chassis*, doit prendre du dehors des *poteaux* de la première *ferme* au premier plan, et aller jusqu'au dehors des *poteaux* de la rue du *six*, (Pl. VII, fig. 2). Il aura donc trente-deux piés de *long*, et sera suspendu dans sa *longueur* par deux *collets*; parce que sans ces *appuis*, il se courberait en pliant, et ne tournerait plus.

Les *arbres* se doivent *placer* dans les autres *travées* de la manière suivante. Touts commencent au dehors des *poteaux* du *devant* de la première *rue*, et ils vont, celui à droite, du milieu du *devant* de la première *rue* au *derrière* de la troisième; celui, à gauche, toujours du milieu du *devant* au *derrière* de la quatrième: ainsi des autres jusqu'au *mur* du *fond*.

Il faut que ces arbres se *chevauchent* d'une *rue*, l'un au dessous, l'autre au dessus. Leurs *emmanchements* doivent être toujours du *devant* au *derrière* des *rues* où ils

ils arrivent, autrement il ne resterait plus de place pour les *cordages* à mettre sur les *tambours*.

Tous ces *arbres* doivent être de chêne de brin, bien droit et bien sain, afin que leur service ne donne aucune inquiétude. S'ils cassaient, ou s'ils devenaient incapables de servir, il serait difficile de les remplacer lorsque toutes les parties du *théâtre* ont reçu leur *équipement*.

On les faisait autrefois à huit *pans*. Cette forme ne peut valoir le carré que l'on doit adopter, de préférence au cercle, dont les huit *pans* se rapprochent; parce que les *tambours* qui garnissent ces *arbres* tourneraient sur eux, lorsqu'ils portent de grands fardeaux.

Les mettre exactement au carré est indispensable, pour la commodité et la facilité d'y rapporter et d'y fixer différents *diamètres*.

En les écarrissant, on enlèvera le bois, moitié par moitié, autant d'un côté que de l'autre, pour éviter que le bois ne prenne en travaillant ce que l'on appelle un *fort*. Ce serait un défaut essentiel.

Lorsque *l'arbre* est *corroyé*, on *refait* les quatre faces: on le *ligne* sur chacune, pour obtenir le *centre* à chaque *bout*, après qu'on l'a coupé à la longueur convenable.

On le *frette* aux deux *bouts*. Cette *frette* sera du *diamètre* du carré de *l'arbre*, et d'un bon fer de cinq lignes sur deux pouces. Après l'avoir uni à l'*arbre* à coups de masse, on l'attache avec des vis à têtes fraisées. Ensuite on enfonce un *goujon*, ou *tourrillon* de fer, dans ces deux *bouts*. Le *tourrillon* entrera d'un pié et sortira de deux pouces au moins. Cette partie aura été arrondie sur le tour; celle qui entre dans le bois sera carrée.

Lorsqu'on l'aura *enfoncée* à coups de masse, on la fixera avec une *clavette* de fer, qui traversera l'*arbre* et le *tourrillon*. (Planche VIII, figure 1.) C'est ainsi que seront ferrés les *arbres* des *tambours*.

Les deux *bouts* d'un tel *arbre portent* dans une *jumelle*, fortement *arrêtée* sur les deux *poteaux* de la *ferme*, où elle se rencontre. On l'y *entaille* ordinairement d'un pouce, et on l'y fixe, par chaque *bout*, par deux *boulons* à *écrou*. Cette *jumelle* a en *longueur* l'espace ou *écartement* d'un *poteau* à l'autre, huit piés du dehors en dehors, sur six et dix pouces de gros. Au milieu de sa *longueur* est le *trou* qui doit recevoir le *tourrillon*. On le garnit d'un *pallier*, ou *coussinet* de cuivre, *encastré*, de toute son *épaisseur* au fonds du *puits*, qui doit recevoir l'*arbre*.

On nomme *puits* un *encastrement* circulaire du *diamètre* du *bout* de l'*arbre*, que l'on doit *emmancher*. Il a dix-huit lignes de *profondeur*. Sa destination est, dans le cas où casserait le *tourrillon*, de recevoir l'*arbre*, qui, tournant alors dans le *puits* sur sa *frette*, ne s'arrête pas dans son mouvement. On n'a que le *goujon* à remettre, et non, comme je l'ai vu, le désagrement d'un *mouvement arrêté*, sans compter les embarras d'un tel accident.

Tous les *arbres* des *cylindres*, ou *tambours*, qui ont plus de douze piés de *long*, ne peuvent être *supportés*, pour le service, par les deux seuls *tourrillons*. Ils doivent être *soutenus* par un *collet* placé au milieu de leur *longueur*.

Voici la manière de faire les *collets* : (Planche VIII,

figure 2.) On assemble à côté l'un de l'autre deux morceaux de bois (A) de la *longueur* d'un *poteau* à l'autre, comme celle des *jumelles*. On les *emmanche* de même dans les *poteaux* de la *charpente*; puis au milieu du *point* de jonction, on fait une *entaille* circulaire (B) de deux pouces plus *large* que ne l'est le *diamètre* de l'*arbre* à y placer. Ensuite on place dans cette *lunette*, et dans l'*épaisseur* du bois, cinq *cylindres* (C), ou *rouleaux* de cuivre, de trois pouces de *long*, et d'autant de *diamètre*. On ne laisse de l'un à l'autre *rouleau* que le vuide de la *grosseur* de l'*arbre*; et à la *rencontre* (D), où doit se trouver le *collet*, on arrondit l'*arbre*, et ce *point* de *contact* est armé de fer, qui porte sur les *rouleaux* du *collet* (E). Il est une autre manière de faire ces *cylindres* ou *rouleaux*, c'est de les faire eux-mêmes *tournants* autour des *arbres*; mais cela devient fort cher, et les *machines* de *théâtre* ne sont pas assez pesantes pour employer ces grands moyens.

Ce que je viens de dire d'un *arbre* et de sa *ferrure* doit s'entendre de toutes les autres du *dessous* et du *ceintre*. Ainsi je ne reviendrai plus sur ces *détails*, quand je parlerai d'*arbres* désignés par les noms de *cylindres*, ou *tambours*.

Dans la position où je viens d'*établir* le grand *arbre* des *changements*, on peut le concevoir prêt à *tourner*. Mais il n'a que neuf pouces de *gros*; il n'est que l'*âme* de ce qui doit le revêtir, et lui mériter véritablement le nom de *cylindre* ou *tambour*. Sa destination est de faire *mouvoir* les *chassis*, et d'opérer les *changements* de droite et de gauche.

Comme ces *chassis* n'ont pas touts la même quantité de

chemin à faire, chacun sur leur ligne, il convient donc de *grossir* cet *arbre* sur ses différens *points*, en raison des *courses* à faire par les *chassis* sur chacun de leurs *plans*. Il faut en outre calculer ce que l'on peut avoir de *chûte* pour le *contre-poids* qui doit faire *mouvoir* l'*arbre*, ou *tambour*.

Le *charriot* qui fait le plus de chemin a quinze piés à parcourir, et le *contre-poids* a quarante piés de *chûte*. Le *cylindre* fera trois *tours*; ce qui donnera des *diamètres* d'un pié huit pouces neuf lignes pour les *tambours* des *cordages d'appel*; et le *tambour* des *retraites* aura de *diamètre* quatre piés cinq pouces trois lignes; ce qui donne deux tiers de *puissance* contre un tiers de *résistance*.

Avant d'aller plus avant, il est à-propos d'expliquer ce que l'on entend par *tambour*; par *tambour* des *fils*, ou d'*appel*; et enfin par *tambour* des *retraites*.

En général, tout *renflement* fait sur un *arbre* s'appelle *tambour*. On nomme *tambour* des *fils*, ou d'*appel*, le *cylindre* qui reçoit les *fils*, ou *cordages*, des objets à faire mouvoir. Le *tambour* des *retraites* est le *cylindre* qui fait *mouvoir*. Le *tambour* des *fils* est chargé de la *résistance*, et celui des *retraites* de la *puissance*.

On appelle *retraite* un *cordage* passé sur le *tambour* de ce nom. Il y a des *retraites* de deux sortes. Les unes sont au *tambour* des *retraites*; les autres, dans tous leurs *mouvements*, sont fixées au *contre-poids* par un de leurs *bouts*. Aussi les appelle-t-on *retraites* au *contre-poids*: les premières sont nommées *retraites* au *tambour*. On devrait les désigner mieux sous le nom de *modérateur*.

En effet, les unes *modèrent* le fardeau à *lâcher*; les autres le *contre-poids* qui *enlève*.

Il est à propos de bien fixer son attention sur l'usage,

1°. D'un *tambour* des *fils*;

2°. D'un *tambour* des *retraites*;

3°. D'une *retraite* au tambour;

4°. D'une *retraite* à la main;

de savoir comment la *retraite* au *tambour* s'y place; et se ressouvenir que, puisqu'elle fait l'office de *modérateur*, elle doit toujours être à *rebours* du fardeau à *lâcher*, ou à *enlever*.

Avant de démontrer comment agissent ces *tambours*, il faut dire comment ils se construisent, et la manière dont se *placent* sur eux et s'y *arrêtent* les *retraites*, et tout autre *cordage*, qui s'y fixent.

Le *diamètre* d'un *tambour* et sa *longueur* étant déterminés, on distribue cette *longueur* de pié en pié; (Pl. VII, fig. 2.) puis sur chacune de ces *divisions* on place un *plateau* rond (A), du *diamètre* convenable. Ces *plateaux* se font de hêtre de quinze lignes d'*épaisseur*, parce que ce bois tient bien les *clous*. On les *fixe* sur *l'arbre* avec des *tasseaux* de bois, lorsqu'ils n'ont pas un grand *diamètre*; et par des *équerres* de fer, si ce *diamètre* est considérable. Ensuite on couvre tous ces *plateaux* avec des *douves* de sapin de trois pouces de large, arrondies en *dessus* et creusées en *dedans* convenablement. On a soin que les *joints* de chacune de ces *douves* tirent bien au *centre*; c'est ce qui leur donne toute leur force : puis on les attache bien serrées l'une près de l'autre sur les *plateaux*. Lorsqu'on est près de *clouer* les dernières de ces *douves*, on a soin d'arrêter sur l'*arbre*, et de distance en distance, des *boucles* de *cordages*, dont les *bouts* sortent du *tambour*. Ces *boucles* se nomment des *prisonniers* : elles servent à arrêter solidement sur les *tambours* ce que l'on veut y *fixer*. Sans ces *prisonniers*, il faudrait attacher avec des *clous* les *fils*, ou les *retraites*. Cette *manœuvre* ne ferait rien de solide, et les *cylindres* seraient bientôt brisés par les *clous*.

Passons aux *treuils*, à leur *description*, et à leurs *usages*.

Les *treuils* des *théâtres*, leviers du second genre, sont, à proprement parler, les bras des hommes qui les font *mouvoir*. Ils servent à enlever les *poids*, qui à leur tour, enlèveront tel ou tel fardeau, lorsqu'étant abandonnés à leur course ils redescendront au *point* de *repos*, où le *cordage* du *treuil* les avait pris.

Expliquons ce qu'est un *treuil* de *théâtre*. (Voyez Pl. IX, fig. 1.) C'est un *arbre* en bois de chêne de cinq piés de *long* sur huit pouces de *gros*. On arrondit les deux *bouts* à deux pouces de longueur : l'un et l'autre sont *frettés* et *goujonnés* comme l'*arbre* du *changement* ci-dessus décrit. Aux deux points où se terminent, près des parties arrondies, les parties carrées, on place des *leviers* ou *palettes* de sapin, de trois piés de *long*, et partant du *ceintre*. Les *manches* de ces *leviers* doivent être distants les uns des autres de vingt-un pouces. Au delà de cette *dimension*, les hommes qui *manœuvrent* aux *leviers* du *treuil* perdraient de leurs forces, en étendant trop les bras : en deçà, et moins espacés, le service serait trop long.

Ces *leviers* ou *palettes*, sont *montés* sur l'*arbre* entre deux *plateaux* circulaires de *grandeur* convenable. Ces *plateaux*, ainsi que les *leviers*, sont *unis* ensemble avec des *clous*; et ils tiennent dans l'*arbre* par un *tenon*, sur les quatre *faces* carrées. Ils y sont *arrêtés* par quatre *équerres* de fer. Ces *leviers* sont au nombre de quatorze. J'observe qu'ordinairement on unit ces *leviers* aux *plateaux* avec des *clous*; mais il vaut mieux les *fixer* avec des *boulons*. Si un *levier* casse, on répare facilement; ce qui ne peut se faire aussi bien, si l'on adopte l'usage des *clous*.

La nécessité de me faire entendre, me prescrit de bien *détailler* les *moufles*, les *rouleaux* des *retraites*, et les *chevilles* de *retraites*. L'usage de ces parties de l'*équipement* d'un *théâtre*, doit être familier au *machiniste* qui veut s'instruire. Il satisfera aussi, lorsqu'il sera connu, la curiosité de ceux à qui les *arts*, et l'amour qu'ils inspirent, peuvent procurer des jouissances. Je crois même que les *amateurs* du *théâtre* pourront trouver quelque plaisir à connaître les *ressorts*, qui font mouvoir des *machines* et des *décorations*, dont le *jeu* a mérité leurs applaudissements.

Un *moufle* est un morceau de bois percé d'une *mortaise*, dans laquelle on place une *poulie*, que l'on *enfile* à travers le *moufle* par un *boulon* de fer.

Il y a des *moufles* de toutes mesures. Les plus petits ont des *poulies* de trois pouces de *diamètre* (Pl. IX, fig. 2), et elles sont de noyer. Il y en a de quinze pouces, et même de plus grandes. Ces dernières sont de cuivre, et *emmanchées trois* dans une même *chape*, pour les *cordages* des *contre-poids*, et les diverses *retraites* du *haut* et du *bas*. (*Voyez* Pl. VIII, fig. 6.)

Les *moufles* destinés à l'usage des *gloires*, ont des *chapes* comme les autres ; les *poulies* sont en bois de *gayac*, et de neuf pouces de *diamètre* sur un pouce d'*épaisseur*. Les *cordages* qui passent sur ces *poulies* sont faits de fil de laiton. Ces *fils* qui s'écraseraient sur du cuivre, ne sont point exposés à ce danger en passant sur du bois de gayac, suffisamment dur pour les fardeaux des *gloires*. Comme, à force de tourner, le *trou* par où l'*axe* passe se *mangerait*, on y *ajuste* un *coussinet* de cuivre, que l'on *fixe* dans la *poulie*, et le tout est arrondi au tour.

Un *rouleau* de *retraite* est une pièce de bois de chêne, ou de tout autre bois dur, de huit à neuf pouces de *gros*, et arrondi. Sa *longueur* n'est déterminée que par la *place* où on le *fixe*. Les *rouleaux* sont toujours à demeure fortement fixés. Dans toute la longueur du *corridor* inférieur du *ceintre*, il y en a une *file* attachée aux grands *montants*. C'est autour de ces *rouleaux* que se *passent* les *retraites* des *tambours* et des *contre-poids*. Ils se *placent* de manière que leur *dessus* est à un pié au-*dessus* du *plancher*. A cette *hauteur* un *ouvrier* a le pié fermement appuyé sur le *rouleau*; et il peut ainsi *maîtriser* un fardeau assez considérable. Les *retraites* passent un *tour*, ou un *tour* et demi, au plus, sur ces *rouleaux*. C'est en les lâchant plus ou moins vîte, que l'on donne plus d'activité ou de lenteur à l'objet agissant.

Au-dessus des *rouleaux* de *retraite* de ce *corridor* du *ceintre*, et à quatre piés du *plancher*, on *assemble* une *entre-toise entre-toise* de chêne, de sept pouces de *large* et de cinq d'*épaisseur*, dans la même *longueur* des *rouleaux*, et on l'*arrête* avec des *boulons* de fer sur les *montants*. C'est sur ces *entre-toises* que s'*attachent* les *chevilles*, dites des *retraites*. Ces *chevilles* sont des morceaux de bois dur, de dix-huit pouces de *long*, quatre pouces de *large* et deux d'*épaisseur*. On les *entaille* d'un demi-pouce, ainsi que l'*entre-toise*, et on les *fixe* en place avec deux *boulons*. J'observe ici que tout ce qui est *fixé* au *théâtre*, et dans toutes ses *parties*, doit l'être avec des *boulons*, parce qu'un *boulon* se *démonte* facilement, et se *rechange* de même; et que, dans les *manœuvres*, et l'*équipement* d'un *théâtre*, tout doit être très-solide, mais susceptible d'être *démonté* par-tout promptement et aisément. C'est sur ces *chevilles* que les *retraites* passées sur ces *rouleaux* viennent s'arrêter, par l'ouvrier qui a *modéré* le *mouvement*. Il croise la *retraite* deux fois sur la *cheville*, et l'y fixe, en passant le dernier *tour* en *boucle*.

Les *moufles* du *dessous* du *théâtre* sont comme ceux du *ceintre*. Les *rouleaux* des *retraites* sont de même force, et ils sont *posés* sur les *sablières* des premiers *planchers*. Leur *longueur* est l'*écartement* d'une *rue*. Les *chevilles* des *retraites* sont, comme celles du *ceintre*, fixées sur une *entre-toise* de force suffisante, et *tenue* sur deux *montants* de la *charpente* du *dessous*. La manière de *mettre* en *retraite* est la même qu'au *ceintre*.

CHAPITRE VII.

Des mouvements *qui opèrent un* changement *de* décorations, *ou leur arrivée aux points réglés pour les mettre en vue du* spectateur.

ON se souvient que l'*arbre*, ou *cylindre*, qui doit servir à ce *mouvement* est *disposé*. Supposons à présent que les *charriots* chargés des *faux-chassis* qui portent les *décorations*, seront sensibles au *mouvement*, qui d'un *contre-poids*, premier moteur, arrivera jusqu'à eux par le *cordage*, dont la *boucle* est prise dans le *crochet* à ressort de leurs patins, et dont l'autre *bout* est au *tambour* de l'*arbre*. Dans cet état tout *marchera*, si l'on met en *action* la *puissance* suffisante (Pl. VII). Cette *puissance* est dans le *contre-poids*. C'est donc de lui dont nous allons nous occuper, ainsi que du *treuil* qui l'*enlève*.

Il a été dit plus haut que les *treuils* étaient posés sur le grand *plancher* du *ceintre*, et sur les seconds *corridors* de cette partie. Celui dont il est question est placé dans le *dessous*, quoique le *contre-poids* monte à quarante piés, parce que ce sont les *ouvriers* du *dessous* qui en font la *manœuvre*.

Sur ce *treuil* (B) est *établi* un *cordage*, que l'on y *attache* par un *bout*, en le *passant* et *repassant* plusieurs fois dans les *leviers* ou *palettes*. L'autre *bout* du *cordage porte* une *boucle* qui se *passe* dans le *moufle* (C), et vient *s'arrêter* dans la *main* de la *tige* du *contre-poids* (D). Le *moufle* (C) *porte* deux *poulies* de cuivre qui ont au moins un pié de *diamètre*. Dans l'une se *passe* le *cordage* du *treuil*, qui doit *lever* le *poids*. On *passe* dans la seconde le *cordage* nommé *retraite* au *tambour*, qui, d'un *bout* va au *contre-poids* (D), et de l'autre sur le *tambour* (A) que l'on veut faire *mouvoir*, et s'y *arrête* à demeure.

Ces *retraites* et *cordages* de *treuil* ont ordinairement dix-huit lignes de *diamètre*. Leurs longueurs se déterminent selon la distance des *tambours* aux *contre-poids*. Un *cordage* de dix-huit lignes *porte* sans risque deux mille pesant.

Un *contre-poids* est composé d'une *tige*, d'un fer bien éprouvé, de cinq à huit piés de long, sur quinze lignes carré (Planche VIII, figure 3), et terminée par en bas par un fort *bouton*, qui empêche les *plombs*, que l'on *enfile* sur cette *tige*, de s'échapper. Au haut de la *tige* est une *mortaise* d'à-peu-près deux pouces de *large*, et *percée* pour recevoir une *clavette* de fer, qui *enfile* la *main* de la *tige*. Cette *main* a la forme d'une *anse*. Cette *clavette* donne la facilité d'*ôter* et de *remettre* la *main* à volonté. Les *pains* de plomb dont on *charge* cette *tige*, ont dix pouces de *diamètre*, et deux pouces six lignes d'*épaisseur*; ils pèsent ordinairement cent livres. Sur un rayon de leur *centre* à la *circonférence*, ils sont coupés dans une *largeur* suffisante pour les *enfiler* à la *tige*. Une petite *entaille* dans leur *épaisseur* donne la facilité d'y *passer* les doigts lorsqu'on veut les prendre. (Figure 4.)

Il arrive souvent que, dans le cours d'un spectacle, un *contre-poids* doit servir plusieurs fois, sans être de la même *pesanteur*. Aussi a-t-on pour la *régler* des *pains* de cinquante livres, de la même *forme* que les premiers. La facilité d'ajouter ou de retirer des *pains*, donne les *pesanteurs* convenables. (Figure 5.)

On a dû sentir qu'avant de nous occuper de faire *marcher* le *changement*, il fallait parler de tout ce qui concourre à son *mouvement*, ainsi qu'à tous les *mouvements* de *machines théâtrales*.

Nous avons dit plus haut qu'un *charriot* de *faux-chassis* n'avait que quinze pieds à *parcourir*. Mais il en faut faire *mouvoir douze* à-la-fois de chaque côté, dont *six avancent*, et *six reculent*. Voici comme on les *règle*. (Pl. VII.)

On les *avance* touts à l'arrêt (E); puis, dans le *moufle posé* à plat et *fixé* (F), on passe le *cordage* (G). Ce *cordage*, d'un pouce de *diamètre*, a une *boucle* à chaque *bout*. On *met* chacune de ces *boucles* dans les *crochets* (H) des *patins* des *charriots* chargés des *faux-chassis*. On voit déjà qu'en en *avançant un*, on fait *reculer* l'*autre*. Du *crochet* (I) passez la *boucle* du *cordage* (K) par-dessus le *rouleau* (L); *conduisez*-le au *tambour* (A); puis, *arrêtez*-le à demeure dans un des *prisonniers* fixés dans le *tambour* pour cet usage. Faites la même *manœuvre* aux autres *charriots*. Le *cordage* se *passe* successivement du *crochet* d'un *charriot* à l'autre. Le *tirage* est un peu *oblique*, lorsqu'on prend le *charriot* du milieu; mais cela augmente de bien peu le *tirage*, ou la *résistance*. Ce *cordage* se change même de *rue*, selon le *charriot* qu'on veut *amener*. Aussi faut-il un *rouleau* (M) dans le *vuide* de chaque grand *trappillon*. (Planche VII, fig. 3.) Ces *rouleaux* doivent être faciles à démonter.

Lorsque touts les douze *cordages* d'*appel* sont *fixés* sur leurs *tambours*, il faut préparer le *mouvement*. Pour y parvenir, la *retraite* au *tambour* (N) étant d'un *bout* dans la *main* du *contre-poids*, on *passe* l'autre *bout* dans l'un des deux *moufles* (C), qui est à côté de celui du *contre-poids*; puis on *renvoie* ce *bout* sur le *tambour* des *retraites* (A). On l'y *passe* un *tour*, et on l'y *fixe* en sens contraire des douze *cordages*; et, sur ce même *tambour*, on *passe* quatre *tours* de la *retraite* à la *main* (O), que l'on y *fixe*; ensuite on *passe* l'autre *bout* de la même *retraite* sur un des *rouleaux* de *retraite*, indiqué (P) dans le *dessous*.

Les *cordages* d'*appel* ayant leurs quatre *tours* sur le *tambour*, on suppose que la *puissance*, ou le *contre-poids*, a, en *descendant*, *amené* touts les *charriots* à leur *arrêt*. Il faut donc, pour *amener* en *devant* les *charriots* qui sont en *arrière*, remonter le *contre-poids*; et, à mesure qu'il monte, faire tourner le *tambour* du sens qui redonne du *lâche* au *fil*. Cette *manœuvre* se fait en tirant la *retraite* à la *main* (O), à mesure que le *poids* monte. Lorsqu'il est à son point d'*élévation*, on *décroche* les *appels* (K), dont elles sont retraites, pour les *accrocher* à l'un des deux *charriots* que l'on veut faire *avancer*. On met ce *cordage* de *retraite*, et à la main, sur la *cheville* de *retraite*, ainsi qu'il a été dit.

Comme cette *retraite* est sur le *tambour* en sens contraire de celle des *contre-poids*, le *tambour* se trouve *pris* entre les deux *retraites* sans pouvoir *mouvoir*.

Afin de lui en donner la liberté, au moment où le *changement* est *commandé*, le *treuil* (B) qui a monté le *contre-poids* et qui le soutient, s'abandonne sur la *retraite* au *tambour*. Alors la *retraite* sur laquelle se trouve le *poids*, laisserait au *tambour* la liberté de tourner, s'il n'était pas retenu par la *retraite à la main*, qui est sur le *tambour* à *contre-sens* de l'autre. Ainsi dès qu'on *lâche* la *retraite à la main*, le *contre-poids* qui descend fait tourner le *tambour*, qui, par son *mouvement* imprimé aux *cordages*, *amène* en *devant* touts les *chassis* qui étaient *derrière*.

Cette opération se *réitère* chaque fois que l'on veut *faire* un *changement*.

Il est encore d'autres *détails d'exécution*, tels que le développement des moyens de faire que les *charriots* n'arrivent pas touts à la même *mesure*; que plusieurs ne *marchent* pas du tout; et que d'autres ne fassent qu'*avancer*. Mais il serait superflu de s'étendre sur des choses fort simples, et dont la *pratique* et l'*exécution* sont d'une *manœuvre* aisée.

CHAPITRE VIII.

Du Plancher *intermédiaire du* dessous.

DANS cette hauteur de *plancher*, dans une *largeur* de cinquante piés, il n'y a rien que les *planchers*, et ce qui *passe* dans les grands *trappillons*.

A vingt-cinq piés, de chaque côté, entre les deux derniers *poteaux*, on *établit*, à la *hauteur* des *parpins*, une *ligne* de *cylindres* ou *tambours*, de mêmes *forme* et *construction*, que celui décrit pour le *changement* des *chassis*.

Comme ce *plancher* suit la *pente* du *théâtre*, et qu'il faut absolument qu'un *cylindre* soit de niveau, ces *tambours* ne peuvent occuper que deux *rues*, ou *plans* de *chassis*; mais toujours faut-il les *poser* du *devant* d'une *rue* au derrière de l'autre. (Voyez Pl. II, la coupe en *long*.)

Cette *file* de *tambours* sert pour l'*enlèvement* des *trappes*, des *terreins*, des *arbres isolés*, et pour les parties de *décor* le moins pesantes.

Leur disposition doit être la même que celle des *tambours* d'en-*bas* : ce qui doit s'entendre des *tambours* des *fils*, de ceux des *retraites*, et des *moufles*, afin que les mêmes *mouvements* servent à tout ce qui doit *agir* ou *mouvoir* dans une même *rue*; et qu'il n'y ait qu'un *bout* des *retraites* à *passer* d'un *tambour* sur l'autre.

CHAPITRE IX.

Du premier plancher *du* dessous, *sur lequel se fait le* roulement *des* charriots, *qui portent les* chassis.

C'EST dans cette *hauteur* de *plancher*, que se trouvent tous les *détails* du *service*.

Les *ouvriers* se portent sur les divers points de son étendue pour *lâcher* les *retraites*, *accrocher* les *charriots* pour les *changements*, et *ouvrir* et *fermer* les *trappes* et *trappillons*.

Ce *plancher* (Pl. IV, R) va d'un *mur* à l'autre, pour donner aux *charriots* et aux *trappes* le *reculement* nécessaire; et pour faciliter le *placement* de maint *accessoires* de *décorations*, qu'il faut avoir sous la main pendant le spectacle.

C'est à la *hauteur* de ce *plancher* que les *ouvriers* de cette partie travaillent, parce que, dans cette *hauteur* du *dessous* seulement, ils peuvent avoir du jour et de l'air.

On y voit (Pl. II, E) les *crochets* qui établissent la *chaîne* de fer, qui retient toute la *bâtisse* du *théâtre*.

Sur les *sablières* du *bas* de ce *plancher*, sont *encastrées* toutes les *lames* de fer sur lesquelles *roulent* les *charriots*. Sur ces *sablières* sont *posés* à plat les *moufles* qui servent aux *mouvements* des *chassis*.

CHAPITRE

CHAPITRE X.

Des fermes, *et des autres parties de* décor *qui* montent *du* dessous.

On appelle *ferme* (et non *rideau*, qui se *déroule*, en descendant du *ceintre*) une partie de *décoration* sur *chassis*, qui *ferme* le *fond* de la *scène*. Elle est ou *pleine*, ou *coupée* par des *portes*, ou par des *entre-colonnements*.

Quelle que soit une *ferme*, il faut, pour qu'elle *monte* du *dessous*, qu'elle soit *adaptée* sur des *supports*, qui puissent se *lever* promptement et solidement.

Un *support* est composé de trois *brins* de sapin assemblés, appelés *âme*, (Planche I. A) d'à-peu-près trente piés, sur cinq pouces de *large*, et quatre d'*épaisseur*. Ils ont de chaque côté une *cannelure* de neuf lignes en tout sens, pour recevoir un *cordage*.

Ces *âmes coulent* dans de longs *conduits*, nommés *cassettes* (B), qui ont quatorze piés de *long*, et qui portent à leur *tête* un *moufle* de chaque côté. Ce *moufle* est retenu par des *frettes* de fer qui l'*entourent*. La *frette* du haut porte deux *goujons* de fer, qui se trouvent sur le derrière de la *cassette*, pour servir à l'*arrêter*.

Les *poulies*, qui se *placent* dans les *moufles*, doivent être de cuivre, et à *pignons*, non à *boulons*. Elles doivent se *poser* et s'*enlever* facilement des *moufles*, où elles tournent sur des *coussinets*. (*Voyez* fig. 2, Pl. I.)

Ces *cassettes* se *posent* dans les *grands trappillons*, de manière que le *derrière* de l'*âme* (A, fig. 2.) soit à trois lignes de la *sablière* (C). Leurs *positions* se déterminent suivant la *forme* et l'*étendue* de la *décoration* à laquelle elles servent. Leur *place* étant *fixée*, on perce deux *trous* en *dessous* de la *sablière* (C), à l'*écartement* des *goujons* (D, fig. 2.), qui sont sur la *frette* des *cassettes*. Ensuite on *revêtit* la *cassette* dans ces *trous*; ce qui la *fixe* déjà par en *haut*, mais ne la *porte* pas. Pour la *porter*, on roidit des *tasseaux* de chêne du *dessus* de la *sablière* (E) au-dessous du *renfort* du *moufle* (F). On voit que, de cette manière, la *tête* de cette *cassette* ne peut *baisser* ni *remuer* d'aucun côté.

Il est nécessaire que les *cassettes* soient parfaitement d'*à-plomb*.

Elles s'*arrêtent* par le *bas*, sous la première *sablière*, par un *étrier* de fer attaché avec des *vis*.

Après avoir *posé* les *cassettes*, on *attache* un *cordage*, dont on *arrête* la *boucle* dans le *crochet* au *pié* de l'*âme* (A, fig. 1.) On *passe* ensuite ce *cordage* sur l'une des deux *poulies* des *cassettes* (B), selon le côté du *tambour*; et on *enfile* l'*âme* dans son *conduit*, en prenant la précaution de bien placer le *cordage* dans la *cannelure* de l'*âme*.

Il est facile de voir qu'en appuyant sur les *cordages* (G), on fait *monter* l'*âme* (A), ainsi des autres. Il s'en trouve quelquefois jusqu'à six dans une même *rue*; ce qui est très-embarrassant, lorsque l'on vient à *mettre* les *fils* sur les *tambours*. Autant qu'il est possible, il faut les disposer de telle sorte, qu'ils ne montent pas les uns sur les autres.

Après la *manœuvre* de *placement* des *cassettes* de leurs *âmes* et de leurs *cordages*, soigneusement *enfilés*, il faut *mettre* sur ces *âmes* les parties du *décor*, les y *fixer*, et les disposer pour pouvoir *monter* et *descendre*. Voici comment il faut y procéder.

On commence par sortir les *âmes* de leurs *conduits*, autant que ce que l'on a à faire descendre est haut. On y applique la *décoration*, et on l'y *fixe* par en *bas* avec des *boulons* à *écrou*. Quand la *ferme*, ou *décor*, à faire *mouvoir*, est *appliquée* sur les *âmes*, on la *lève* de trois pouces parallèlement au *théâtre*; puis on *perce* les trous de *boulons* à travers l'*âme* et le *chassis*. On passe le *boulon*, dont la *tête* s'*entaille* de son *épaisseur* dans l'*âme*. L'*écrou* se met par *devant*.

Cette manière de *caler* ainsi la *ferme* ou *décor*, donne la facilité de tourner l'*outil*, qui perce les *trous* des *boulons*.

Lorsque la *ferme* est ainsi *boulonnée* par *en bas*, on *porte* chacun des *cordages* des *âmes* (G) sur le *tambour* (H), et on les y *passe* autant de *tours* qu'il en faut pour *baisser* ce que l'on veut faire *mouvoir*.

Il faut observer que, souvent gêné par l'emploi des *tambours*, on ne peut pas avoir touts les *tirages* égaux en longueur. Voici à cet égard ce que donne et enseigne la *pratique*. On *roidit*, le plus que l'on peut, sur le *tambour*, le *cordage* le plus éloigné, celui d'après, un peu moins, et les autres de même, jusques et y compris le dernier.

Cette précaution, qui ne fait atteindre qu'un *à-peu-près*, ne satisfera pas les *mécaniciens*, dont la *théorie* prescrit des calculs absolus. Mais ici ce sont des *cordages* qui *transmettent* l'*action* du *moteur* ou de la *puissance* à l'*objet* à mettre en *mouvement*. La matière qui les compose les rend très-susceptibles de s'*allonger* sous plus ou moins de fardeau. On doit donc *régler* leur *tirage* sur les données de la *pratique*.

La température influe sur les *longueurs* des *cordages*. J'ai vu, d'un jour humide à un jour sec, des *retraites* varier de trois piés sur soixante-douze de *longueur*. Ces variations donnent le désagrément de ne pas voir *réglées*, toujours parfaitement *juste*, les *décorations*, dont les *mouvements* sont soumis au plus ou moins d'humidité et de sécheresse que prennent les *cordages*.

Quand touts les *cordages* sont sur le *tambour*, on *passe* un *tour* de la *retraite à la main* (J) sur le *tambour* des *retraites*, et on l'y *fixe* dans la *boucle*, ou *prisonnier*. Le *tambour* étant en liberté, on *file* la *retraite*, et on laisse *baisser* ce que l'on a *boulonné*, jusqu'à ce qu'il soit descendu à la *hauteur* convenable pour *placer* une seconde *ligne* de *boulons*.

On n'en met que trois sur la *hauteur* d'un *chassis* de vingt-sept piés.

Il convient de *boulonner* toujours le plus près possible du *théâtre*, je veux dire de son *plancher*, et d'avoir l'attention, avant la *manœuvre* de *boulonner*, de bien placer les *âmes* au milieu de leurs *cassettes*.

La seconde *ligne* de *boulons* étant faite, on *rebaisse* encore, en *filant* la *retraite à la main* jusqu'à la *hauteur* où doivent être placés les *boulons* de la troisième *ligne*.

On achève ensuite de *baisser* la *décoration* un pié plus *bas* que le *théâtre*. A la *hauteur* où se trouve dans le *dessous* sa *ligne* inférieure, on *pose*, d'un *poteau* à l'autre, des *barres* nommées *arrêts*, qui la reçoivent. Par ce moyen, elle se *trouve réglée* du *haut* et du *bas*.

Passons à la *manœuvre* qui doit faire *monter* cette *ferme*, et la faire *arriver* promptement à la vue du *spectateur*.

On monte le *contre-poids* (L) aussi haut qu'il doit l'être. Tout le *lâche* que prend la *retraite* du *tambour* (K) se *passe* sur celui des *retraites* (H), jusqu'à ce qu'il n'y ait plus de *lâche* entre elles et le *contre-poids* : on l'y *fixe*. Puis on *passe*, en sens contraire, la *retraite à la main* (I) sur le *tambour*, que l'on met en *retraite*. On fait *charger* le *contre-poids* sur la *retraite* du *tambour* (K). Alors rien n'empêche plus le *tambour* de *tourner*, que la *retraite à la main* (I), qui le *retient*. Mais, au moment indiqué, on *lâche* cette *retraite*, qui, dans touts les cas, est un *modérateur*; et tout *arrive* au point *réglé*.

Je dois faire ici une observation très-importante sur la *course* des *contre-poids*. Lorsqu'ils sont de dix-huit cents à deux mille, il faut les *régler* de manière qu'au *bout* de leur *course*, ils touchent à terre: autrement, et sans cette précaution, la *secousse* ferait rompre les *cordages*.

C'est par le même *principe*, et avec des *manœuvres* pareilles à celle que je viens de décrire, que *monte* du dessous tout ce qui doit arriver *en vue* du spectateur, *fermes*, *arbres*, *bosquets isolés*, *terreins*, etc. Dans touts les cas, c'est une *puissance* employée pour vaincre une *résistance* quelconque.

Pour faire *redescendre* la *ferme*, il n'y a autre chose à faire que *changer de côté* la *retraite à la main*. Elle était sur le *tambour* du même *sens* que les *fils*. Il faut la *placer* à *rebours*, la tourner un *tour*, la mettre *en retraite* sur sa *cheville*; *dénouer* celle du *contre-poids* de dessus le *tambour*, puis *lâcher* celle à *la main*, jusqu'à ce que la *ferme retombe* sur les *arrêts* où elle *portait* avant que de *monter*.

CHAPITRE XI.

Du théâtre, *considéré comme* sol; *et de ce qui doit y être* pratiqué.

CETTE partie est un *plancher* dont la *longueur* commence à la *rampe* de lumières, et se termine au *mur* du *fond*. Sa *largeur* est d'un *mur latéral* à l'autre. Sur ce sens il est de niveau. Sa *longueur* est en *pente* de trois pouces par toise. (Pl. II.)

Il est *fendu* à chaque *rue* ou *plan*, ainsi qu'il convient. Ces *ouvertures* donnent *passage* aux *charriots* (B, Planche IV.)

Dans les parties *latérales*, vis-à-vis les gros *poteaux* qui portent les *fermes* du *comble*, on fait de légers *pans de bois*, qui partent des *murs*. Ils ont sept piés de *large*, et ils montent du *plancher* du *théâtre*, au *dessous* des *corridors* du *ceintre*. Ils forment des *cloisons* à *claire-voie* pour recevoir, *case* par *case*, les *chassis* de chaque *décoration* (R, Pl. Ire.)

Au *fond* du *théâtre* et à six piés du *mur*, on pratique dans toute la *largeur*, jusqu'à l'*à-plomb* des *corridors* du *ceintre*, un *couloir*, ou *corridor*, qui doit avoir huit piés de *haut*, afin que des *troupes armées* y passent aisément. Cette communication d'un *angle* à l'autre du *fond* est indispensable.

Au dessus de ce *couloir*, on *fixe* dans le *mur*, de six piés six pouces en six piés six pouces, des *tablettes* (F,

Pl. II) suffisamment fortes, pour y *déposer* toutes les *toiles* à l'usage des *ceintres*, *plafonds* et *rideaux*. On les y place *famille* par *famille*, et sans les confondre, pour savoir les prendre au besoin.

J'ai précédemment observé qu'il ne doit rien y avoir au *sol* du *théâtre* que les *caisses* ou *cheminées* des *contre-poids*, et les *quatre escaliers* de *service*. Toute autre *construction* dans certe partie est nuisible : aucune considération ne la peut permettre. Lorsque je parlerai de l'opération de *planter* une *décoration*, on sentira de quelle utilité est la *place libre* demandée dans les parties *latérales* du *théâtre*.

CHAPITRE

CHAPITRE XII.

Ce que c'est qu'un chassis *de* décoration ; *sa* construction, *ses* dimensions, *et la manière de le* manier *au* théâtre.

Un *chassis* ordinaire, qui doit recevoir la *toile* à *décorer*, a vingt-sept piés de *haut* sur huit piés de *large*. On le fait en *battants* et *traverses* de sapin. La *rive* extérieure est garnie de bois mince, ou *volige*. C'est sur elle que se forment les *contours* qu'exige l'ordonnance de la *décoration*.

Ces *chassis* ne s'*assemblent* point à *tenons* et *mortaises*, parce qu'ils seraient difficiles à réparer, lorsqu'ils se casseraient. Leurs *assemblages* se font en *entailles*, arrêtées avec des *clous*.

On aura soin que les *arrasements* des *traverses* soient faits par derrière, non en *parement* ; parce que si l'*ouvrier* qui monte aux *faux-chassis* pour *accrocher* le *chassis* de *décoration*, arrachait la *traverse*, il tomberait de fort haut, entraînant avec lui cette pièce.

Les *toiles* se clouent sur les *chassis* avec des *broquettes*, à un pouce des *rives* extérieures. Si on *broquette* plus près, l'*ouvrier*, en maniant ses *chassis*, n'ayant pas de place pour loger ses doigts, déchire la *toile* pour les y passer.

L'opération de *broquetter* un *chassis* étant faite, on *colle* du papier gris sur touts les *revers* de la *toile*, pour la rafermir, en boucher les trous et empêcher la *trans-*

parence; car si les *lumières* sont vues à travers les *chassis*, l'illusion s'affaiblit pour le spectateur.

Le poids d'un *chassis* est d'à-peu-près *cent dix livres*. Sa *hauteur* exige de l'adresse et de l'usage dans les *ouvriers* qui le manœuvrent au *théâtre*. Trois *hommes* suffisent. Deux l'amènent au faux *chassis*, le troisième y monte par l'*échelle* ci-dessus décrite ; il le reçoit et l'accroche avec un petit *cordage* appelé *guide*, lorsque les deux autres l'ont *soulevé* pour faire entrer la *traverse* inférieure dans deux *crochets* de fer qui le soutiennent à la distance convenable du *niveau* du *théâtre*. Le plus lourd *chassis* ne peut être *manié* par un plus grand nombre d'*ouvriers*. Cette partie du *service* est la plus fatigante. J'entre dans quelques détails, parce que d'une mauvaise *manœuvre* il peut résulter la chûte d'un *chassis*, dont les *montants* ou les *traverses* se brisent.

Pour bien manier un *chassis*, il faut le mettre d'abord bien d'*à-plomb*. Les deux *hommes* qui en tiennent les *rives* doivent y porter chacun la même main, le plus haut possible, et l'autre main à hauteur de bras. L'un va *à reculons*, et l'autre devant lui. Le premier ne doit que soulever un peu le *chassis*, et, s'il s'écarte de son *à-plomb*, le redresser avec le genou. Le second doit toujours avoir l'œil à la tête du *chassis*, pour juger son *à-plomb* et le gouverner. Le troisième est monté à l'*échelle* du *faux-chassis* pour *détacher* ou pour *recevoir* chaque *feuille* de *décoration*.

Il est encore d'autres parties de *décorations*, telles que *terreins* inclinés, *montagnes* et *degrés* qui conduisent à des lieux élevés, comme les *rochers* dans le *Ballet* de *Psyché*. Toutes ces parties s'établissent sur le *sol* du *théâtre*, où sont apportés les objets qui les composent.

Les dépôts de *décorations marquées* pour les *ouvrages* à donner prochainement sont dans les *côtés* du *théâtre*, ainsi que les *ustensiles*, et les *accessoires*. C'est là qu'attendent leurs *entrées* sur la *scène*, les *acteurs*, les *danseurs*, les *chœurs*, les corps de *ballets* et les *comparses*.

L'entrée et la sortie de ces différents corps donnent un embarras incroyable, sur-tout à la fin des *actes*. C'est après leurs *sorties* que se font les *changements*, qui dans les *théâtres* actuels sont très-dangereux. On risque chaque jour d'estropier quelqu'un, parce que les *espaces* sont trop *étroits* entre les *chassis* et les *murs*.

CHAPITRE XIII.

Des machines, *du* ceintre, *et de la manière d'*équiper *une* gloire.

ON appelle *gloire* une *décoration* composée de *nuages*, qui descend du *ceintre*. Elle est d'un, ou de plusieurs *planchers*.

J'ai fait descendre du *ceintre* du *théâtre* de la grande *salle* des *spectacles* du château de Versailles, une *gloire* de huit *planchers*, de cinquante piés de *longueur* chacun, et de cinq piés de *largeur*. On conçoit qu'ils étaient équipés dans plusieurs *rues*. Dans le moment où ces *grouppes* de *nuages* amenaient sur la scène soixante *personnages* de la *danse*, le théâtre se couvrait d'un *palais* de *Vénus*, qui descendait aussi du *ceintre* dans d'autres *nuages*.

Cette *observation* n'est ici placée que pour faire sentir ce que l'on peut faire dans un grand *théâtre*, qui a un *comble* très-solide, et capable de soutenir des fardeaux considérables.

Une *gloire* ordinaire est composée d'un *plancher* d'un fond, (A, Pl. XI) soit sur *chassis*, soit sur *rideau*, d'une *devanture*, et souvent d'une ou de plusieurs *portions* de *nuages* de chaque côté. Ce *plancher* a communément trente-six piés de *long* sur trois pieds trois pouces de *large*, parce que les *rues* de nos *théâtres* sont très-

étroites. Dans un grand *théâtre* il pourrait avoir quatre piés six pouces de *largeur.* Cette proportion donnerait la facilité d'y former des *plans.* On le fait de deux *madriers* (B) posés de *champ*, assemblés d'un nombre suffisant d'*entre-toises* (C), qui les tiennent d'*écartement.* Pour ne point altérer la solidité de ces *madriers*, les *entre-toises* ne s'y emmanchent pas, mais bien dans des *échantignoles*, qui s'attachent dessus avec des *boulons.* Le tout se recouvre de *volige.*

Lorsqu'on met un tel *plancher* en l'air, il est ordinairement de *niveau.* On le *suspend* par quatre *fils* de *laiton* (E). Ces *cordes* doivent avoir trente lignes de *tour.* Leurs *longueurs* sont déterminées par la *hauteur* du *théâtre*, et par la distance de leur *point* d'arrivée aux *tambours.* Des *fils* de cette matière, et de ce *calibre*, peuvent porter quinze cents pesant, sans inquiéter, pourvu qu'ils ne tournent pas sur eux-mêmes.

Ces *cordages* s'unissent d'un *bout* aux *crochets* de fer (F) fixés aux *angles* du *plancher.* Leurs autres *bouts* se *portent* sur le *tambour* des *fils* et s'y *règlent* à la *dégradation* qui convient au *mouvement* que ce *plancher* doit faire. Les *tambours* du *service* de ces *gloires* sont en tout semblables à ceux du *dessous.* Les *cordages* s'y arrêtent de la même manière et par les mêmes moyens, ainsi que les *retraites* au *tambour* et les *retraites à la main*, à l'exception cependant que, dans le *dessous*, la *retraite à la main* sert également à faire *monter* ou à faire *descendre*, seulement on la change sur le *tambour.* Au *ceintre* elle reste toujours de même *sens* sur le *tambour.* On demandera pourquoi cette différence dans la manœuvre. Pour répondre à cette question, il faut entrer dans quelques *détails*.

Une *gloire*, ou toute autre *machine* est *descendue* du *ceintre*, il faut ensuite qu'elle *remonte*. Admettons qu'on vient de l'*accrocher* sur ses quatre *fils*, et que ces *fils* sont fixés sur le tambour (G). Pour qu'elle puisse *descendre*, il faut une *première fois* la *monter*. On sait par la *hauteur* que l'on s'est proposé de l'*enlever*, combien le *tambour* devra faire de *tours* pour la *monter* à son point. On passe sur la *dégradation* (H) du *tambour* la *retraite à la main* (I) *à rebours* des *fils*, mais un *tour* de plus. (Lorsque cette *machine* redescendra, on verra pour quelle raison ce *tour* de plus est prescrit.) Alors on fait *monter* avec un *treuil*, à la *hauteur* convenable, le *poids* que l'on estime pouvoir l'*enlever*. Ainsi que dans le *dessous*, la *retraite* au *tambour* étant toujours dans la *main* du *contre-poids* d'un *bout*, on passe l'autre *bout* sur le *tambour*, mais *à rebours* des *fils*. A mesure que le *poids* monte, en obéissant aux *mouvements* du *treuil*, on met tout ce qu'il y a de *cordage* sur le *tambour* (H), et on l'y *arrête*. Il est donc certain et démontré que si l'on *abandonnait* la pesanteur du *poids* sur la *retraite* au *tambour* (I), le *poids* le ferait *tourner*, mais beaucoup trop vîte. Il faut donc un *modérateur* au *contre-poids*. Voici comment il s'y *applique*.

Pour les *mouvements de ces gloires*, dont le *service* est de *monter* et de *descendre*, on *passe* dans la troisième *poulie* du *moufle* du *contre-poids* (K), une *retraite*, qui va, comme celle du *tambour*, s'arrêter dans la *main* du *contre-poids*. (On l'appelle *retraite* au *contre-*

poids.) L'autre *bout* se *passe*, comme la *retraite à la main*, au *rouleau* du *corridor*. On l'y met en *retraite* de la manière déjà indiquée. Ensuite on *abandonne* le *poids*, tant sur la *retraite* au *tambour*, que sur celle *à la main*. C'est ici le lieu d'observer qu'il se trouve toujours trois *cordages* dans touts les *moufles* des *mouvements* du *ceintre*, celui du *treuil*, la *retraite* au *tambour*, et celle du *contre-poids*.

Ces *manœuvres* ainsi préparées, suivons l'*effet* en le décrivant.

En *lâchant* la *retraite* au *contre-poids*, le *poids* baisse. Il tire la *retraite* au *tambour*, qu'il fait tourner, et la *gloire* monte. La *retraite à la main* rend les *tours* qu'on lui avait donnés. On les retire très-fermes au *rouleau*, jusqu'à ce que la *gloire* soit arrivée. Alors on *met* cette *retraite* sur la *cheville*, et on l'y *arrête*. Si on n'avait pas *mis* sur le *tambour* un *tour* de plus de cette *retraite*, lors de l'*arrivée* de cette *machine* à sa *hauteur*, il ne serait rien resté du *cordage* sur ce *tambour*; et on sent bien que rien n'aurait retenu et la *retraite* et la *machine*. Ainsi donc il faut qu'il *reste* toujours sur les *tambours* au moins un *tour* de *queue* des *retraites*, des *cordages* d'*âmes*, des *fils* de *gloires*, autrement on n'*assurerait* pas convenablement les *arrêts*.

La *manœuvre* que je viens de décrire achève l'opération de ce que nous appellons *mettre en état* une *gloire*. A présent, voyons ce qu'il faut faire pour qu'elle descende.

Il faut remonter le *poids*: mais s'il remonte, la *machine* va descendre, et il ne le faut pas encore; comment faire? Le voici :

La *retraite à la main* (L) étant *passée à rebours* des *fils* sur le *tambour*, et en *retraite* sur sa *cheville*, il est bien impossible que le *plancher* de *gloire* descende, tant que cette *retraite* sera sur sa *cheville*; suivons donc l'opération.

On monte le *contre-poids* avec le *treuil*. En même temps la *retraite* au *tambour* (M) se retire et se plie soigneusement près du *tambour*, à mesure que le *contre-poids* monte. La *retraite* du *contre-poids* se retire au *rouleau*, et on la met en *retraite* sur la *cheville* (N) lorsque le *contre-poids* est arrivé à sa *hauteur*.

(La première *manœuvre* avait pour objet de *mettre en état*. La *machine* étant trop pesante pour être montée à *bras*, on s'est servi du *contre-poids*. Cette première opération n'est pas comptée; mais il fallait la décrire.)

Supposons le coup de *sifflet* entendu, et suivons l'effet.

La *retraite à la main* (L) se lâche, et la *machine* descend. Pendant qu'elle descend, un *ouvrier* placé au *tambour* des *retraites file* et emploie sur ce *tambour* la *retraite* du *tambour* (M), qui avait été retirée et ployée. Il résulte de cette *manœuvre*, que la *machine* étant en bas par la *retraite à la main*, la *retraite* au *tambour*, qui va au *poids*, se trouve tendue. Le *poids* étant alors *abandonné* sur la *retraite* du *contre-poids* (O), en lâchant le *poids*, comme dans la première *opération*, la *gloire* remonte.

Il faut toujours avoir grand soin de *retirer* bien *ferme* la *retraite à la main* (L), quand la *machine* remonte.

Voici

Voici pourquoi : c'est que si la *retraite* du *contre-poids* ou celle du *tambour* cassait, il n'y a que celle *à la main* qui, en retenant la *machine*, l'empêcherait de tomber, ce qui serait un très-grand malheur.

Les *gloires* sont ordinairement accompagnées de *grouppes* de *nuages*. Comme ils sont toujours mis en *mouvement* par le même *cylindre* que les *gloires*, leur *action* est soumise à la même *puissance*. Mais on calcule les *hauteurs* différentes de ces *nuages* ; et, en raison de la *course* de chacun d'eux, leurs *fils* sont *placés* sur des *grosseurs* différentes et proportionnées du *tambour*.

Les *tambours* à cet usage se nomment *tambours dégradés*. (Pl. XIII.)

Tout ce qui *descend* au *théâtre* de l'élévation du *ceintre*, et y *remonte*, doit son *mouvement* à de pareilles *manœuvres*, fondées et calculées sur le même principe.

J'observerai seulement que si une *gloire*, (ou toute autre *machine* et *décoration*), est trop pesante, on met sur le *tambour* des *retraites*, mais du sens contraire à ce qui *descend*, un petit *contre-poids*, qu'on nomme *allège*, dont la *pesanteur* se calcule de manière à mettre le tout à-peu-près en équilibre. Cette *allège* monte, quand la *machine* descend, et elle diminue d'autant la *pesanteur* du *contre-poids*. Les *allèges* s'emploient de même dans les *mouvements* du *dessous*. Dans un grand mouvement de décorations d'un *opéra*, à la salle de Versailles, j'ai employé, sur différents points, 27 milliers pesant d'*allèges*. On jugera quels *contre-poids* étaient en mouvement.

CHAPITRE XIV.

Des machines *de travers venant d'en* - haut.

CES *machines* ne sont plus usitées. Elles feraient cependant beaucoup d'effets ; mais nos *théâtres*, disposés comme ils le sont, ne permettent pas d'y exécuter de grandes choses. On ne pourrait les hazarder sans laisser appercevoir les *cordages ;* imperfection jadis supportée, mais que le public trouverait aujourd'hui très-inconvenante. Nos *théâtres* sont trop étroits ; et il faut, de chaque côté, des *largeurs* suffisantes, pour disposer des *manœuvres* qui étendraient le *merveilleux* possible à l'*opéra*.

En décrivant ici le *mouvement* des *machines* de *travers* venant d'*en-haut*, je crois devoir transmettre des *moyens* nécessaires d'exécution, dont on peut faire usage ; si, enfin, l'*opéra*, natif de France, trouve un asyle sur le sol qui l'a vu naître, et dans une ville dont la prospérité commerciale et industrielle, repose sur l'activité des consommations, que le luxe a su rendre indispensables. Avoir nommé ce spectacle *Théâtre des Arts*, est un pas de fait. Puissions-nous admirer bientôt un édifice qui doit être le *temple des arts !* Mon amour pour le mien donne à ce vœu toute l'expression dont est capable le cœur d'un Français. Je ne me suis pas trop écarté de mes *machines*..... mais j'y reviens.

Une *machine de travers* est, ainsi qu'une *gloire*, un

plancher, qui porte un *décor* quelconque, *nuages*, *grouppes*, *char*, etc.; elle est aussi *suspendue* par des *fils*. Son *effet* est de *traverser* le *théâtre*, soit en *montant*, soit en *descendant*. Ces deux *manœuvres* lui sont communes avec les *gloires*. (*Voyez* chap. XIII.)

Voici la *manœuvre* à exécuter pour la faire *traverser* le *théâtre*. Après avoir déterminé la *ligne* de sa *course*, on *construit* un *chemin*, dont le *support* (A) s'*attache* aux *solives* du grand *plancher* du *ceintre*. (Pl. XII, fig. 1ere.) Sur les *conduits* (B) on place le *bâtis* (C), nommé *char*. Entre lui et les conduits, où il doit *marcher* facilement, il y a un *jeu* suffisant, d'un bout à l'autre. Il est garni de quatre *poulies*, deux à chaque extrémité. Deux *fils* suffisent à ces *machines*. Ces *fils* ayant été *mis* d'un *bout* sur le *tambour*, comme pour une *gloire* qui doit se *mouvoir* d'*à-plomb*, on *passe* les *bouts* opposés entre les deux *moufles*, qui sont à chaque extrémité du char (D), et ensuite à travers deux *poulies*, qui sont dans un *moufle* (V), posé *à-plomb* de l'endroit où doit arriver le char. Lorsque les *fils* sont *descendus* assez bas, on y *accroche* le plancher (E), comme on le fait à une *gloire*. Dans un *théâtre* suffisamment grand, une telle *machine* pourrait avoir quatre *fils*. Alors il y aurait deux *chemins* à distance convenable. Pour empêcher le mouvement de *bascule*, voici l'*opération* qui est nécessaire. On *attache* au *plancher* (E) un *étrier* de cordage (F), et on *accroche* les *fils* dans l'*anneau* (G). Il faut avoir soin que cet *anneau* soit, au moins, à cinq piés du *plancher* de la *machine*. Sa position étant ainsi au-dessus du *centre* de la *pesanteur*, tout cet appareil balance fort peu ; mais il ne peut tourner. On mène le *char*, ainsi *équipé* de ses *fils*, dans le *chemin*, à l'endroit d'où l'on veut que la *machine* passe : par exemple, du point (H). Alors on passe une *retraite* dans le *moufle* (I) accroché dans le *crochet* du *char* (K), laquelle se met en *retraite* sur la *cheville* (L). En *lâchant* cette *retraite*, la pesanteur de la *machine* mènera certainement tout l'*appareil* en (M), par les lignes (NN). Les *retraites* au *tambour* des *fils*, celles aux contre-poids pour les *fils* aussi, sont, comme on l'a déjà dit, *passées* sur le *tambour*, ainsi que pour une *gloire* ou *machine* à faire mouvoir *à-plomb*.

Le *char*, dans le *chemin*, ayant *marché* en descendant jusqu'en (M), pour remonter du côté opposé et pour arriver en (N), obéira à la *manœuvre* suivante. Dans le *moufle* (O), et sur le *contre-poids* (P), passez le *cordage* (R), qui viendra s'*accrocher* dans le *crochet* (D) du *char*, *coulera* dans le *moufle* (O), et ira *prendre* la *main du contre-poids* (P) ; ensuite *passez* une *retraite à la main* (R), qui s'arrêtera sur la *cheville* (S) lorsqu'on *lâchera* la *retraite à la main* (R) ; la *machine* arrivée en (M) par la *ligne* (NN), *remontera* par les *lignes* (TT) au *point* demandé.

Si l'on ne veut pas que la *machine* monte par un quart de cercle, ainsi qu'elle vient de le faire, (le *tambour* des *fils* étant en tout *équipé* comme pour une *gloire* à mouvoir d'*à-plomb*), afin qu'elle *file* sur une courbe plus *elliptique*, et *traverse* le *théâtre* sans beaucoup s'élever, on fournira, pendant qu'elle chemine, aux *fils* qui sont sur le *tambour*, en *lâchant* la *retraite à la main*, autant qu'il sera nécessaire. Le *char manœuvré* de cette manière, traversera, sans beaucoup monter sur les points de la *ligne* de sa *course*.

Si, au contraire, on veut que la *machine* s'élève plus perpendiculairement que par l'angle de quarante-cinq degrés, le *tambour* des *fils*, étant, comme on l'a dit, tout prêt à mouvoir, soit pour *élever*, soit pour *descendre*, on prendra toute la charge du *poids* sur la *retraite* du *contre-poids*. On conçoit qu'alors cette *retraite* du *tambour*, étant unie au *contre-poids*, fera tourner le *tambour* qui *emploiera* les *fils*. Cette *manœuvre* se faisant, comme la précédente, pendant que le *char* marche, donne la possibilité de le faire passer à toute hauteur; parce que moyennant de l'adresse dans les *ouvriers* qui *mènent* la *retraite à la main*, ou celle au *contre-poids*, les *fils descendent* ou *remontent* à volonté, et suivant la liberté d'agir donnée par eux à ces *cordages* de *retraite à la main*, et de *retraite* au *contre-poids*.

Mais, je le répète, il faut pour opérer ces effets un grand *théâtre*, qui sur-tout soit très-*large*: autrement on ne peut cacher les *cordages*. Dans un large *théâtre*, on fait précéder et suivre un tel *char* par des *nuages*, des *grouppes* d'amour, qui dérobent aux yeux du *spectateur* ces *moyens* d'action, toujours destructeurs de l'illusion et du plaisir qu'elle procure.

Les mêmes *manœuvres* et le même principe qui les *base*, préparent et conduisent l'exécution des *opérations* suivantes, en admettant toujours la *largeur* suffisante du *théâtre*.

Traverser le *théâtre* sur une de ses *parallèles*, et à tel *point* que ce soit de son *niveau*;

Le *traverser* en *montant*, soit de droite, soit de gauche, et partir d'un *point* donné, pour arriver à tel autre *point*;

Le *traverser* en *descendant* de gauche à droite, ou de droite à gauche : il ne s'agit pour cela que de retourner la *retraite* du *char* de l'un, ou de l'autre sens.

On peut encore, en employant les deux mouvements, celui qui fait *traverser*, et celui qui fait *monter* ou *descendre*, faire partir un *char* de droite ou de gauche; le *monter* au milieu du *théâtre*, et le *précipiter* aussi-tôt vers le *côté* opposé à celui de son *départ*.

Il est facile de concevoir ce que l'on peut faire des *chars en travers* lorsque l'espace permet de préparer les *manœuvres*, qui en varieront à volonté les *mouvements*. Que l'on se figure donc plusieurs de ces *machines*, éparses sur différents *points*, et à différentes *hauteurs*, présentant dans leur ensemble la réunion de *groupes* et d'*effets* disposés d'une manière ingénieuse et pittoresque; on aura une idée de ce que peut, à l'*opéra*, présenter de *magnificence*, l'imagination du *compositeur*, lorsque le *machiniste* ne sera plus arrêté, pour l'exécution, par les formes *angustiées* de nos *théâtres*. *Servandoni* ne s'imaginait pas que languirait un jour la pratique des règles d'exécution, tracées par sa main hardie; et son génie ne soupçonnait pas que l'*art* d'exécuter et de mouvoir les *machines* s'engourdirait en France, faute de *théâtres* spacieux.

Voilà-à-peu-près tout ce qu'il était essentiel de dire sur le *théâtre*, sur ses *constructions* et sur ses *machines*. Ces *détails* suffiront aux personnes attachées à leur *service*. Ils pourront plaire à celles qui voudront connaître les moyens de leur présenter à la *scène* la multitude des objets variés qui les intéressent, ou qui les amusent.

Plein des sentiments de vénération due à l'*art* de l'*architecte*, je ne prétendrai pas lui donner des leçons, et je me tiendrai à la distance où me place le mien. Cependant je crois devoir consigner ici une observation, qui peut être utile aux *artistes professeurs* d'un art auquel *Paris* et quelques villes principales de *France* doivent des *salles de spectacle*. Elle peut être utile aussi à ceux qui méritent qu'on leur confie ces grands travaux.

Toutes les constructions que les *Romains* consacraient à leurs plaisirs étaient des monuments. Les nôtres qui ont le même objet, ne jouissent pas des mêmes honneurs. Les spéculations mercantiles font accoler à la plupart des *théâtres* des constructions, que l'industrie commerciale trouve avantageuses, mais que le goût réprouve. Le *Peuple romain* avait des *édiles*, qui réglaient l'ordonnance de l'*édifice* où une *ville* voyait un de ses ornements, et où une grande assemblée jouissait, à son aise, d'un grand *spectacle*. Nous avons vu ici des compagnies acheter des terreins, y bâtir utilement pour elles des *théâtres*, sans que l'ancienne autorité intimât l'ordre d'isoler ces constructions, et dictât des lois nécessaires pour la circulation extérieure, et pour la commodité intérieure.

Mais rentrons dans les bornes de cet *Essai*, et voyons jusqu'à quel point doivent s'entendre et se concerter l'*architecte* et le *machiniste*.

Une *salle* de *spectacle* a le double objet de réunir une nombreuse assemblée, et de lui faire voir un *spectacle*. C'est ce qui se passe sur le *théâtre* qui intéresse plus constamment le public. Une coupe nouvelle, des ornements nouveaux fixent moins long-tems l'attention que la représentation théâtrale. Celle-ci fait les *recettes;* et on ne viendrait pas deux fois de suite exprès pour voir la plus belle *salle,* si on n'y représentait rien. Il est donc nécessaire que le constructeur compte pour beaucoup le *théâtre*, et qu'il ne le sacrifie point à la *salle*, en le regardant comme la dernière chose qui doive occuper sa pensée. Cette observation importe encore à ceux qui ordonneront ces constructions, parce qu'en ne liant pas au génie de l'*architecte* qui enrichit sa composition, le *machiniste,* dont on sent ici que le compas et la règle ont aussi leur utilité, on se ruinera en frais sur un *théâtre* incommode, qui, s'il est convenablement disposé, rendra tout praticable à peu de frais.

CHAPITRE

CHAPITRE XV.

De la sûreté *du* théâtre ; *des établissements de* pompes ; *des* réservoirs, *et des* corps-de-garde.

Le *mur* qui monte de la voussure de l'*avant-scène* doit s'élever dix piés au-dessus des *combles*, pour séparer celui de la *salle* de celui du *théâtre*. Il sera terminé par des *degrés* praticables de chaque côté, et *garnis* de *rampes* de fer, afin de présenter, en cas d'incendie, un accès facile aux *pompiers*, et une liberté suffisante à leurs *manœuvres*. Une autre utilité de ce *mur* sera de couper la communication au feu, d'un *comble* à l'autre.

Il convient encore qu'il n'y ait pas d'autre issue de la *salle* au *théâtre* que l'*ouverture* de l'*avant-scène*, qui, dans un moment de danger d'incendie de la *salle*, ou du *théâtre*, serait fermé par un *rideau* de fer. Ce *rideau* devait être exécuté au *théâtre* de l'*Odéon*, lors de sa construction. J'en ai donné le mécanisme et le projet. On a dû trouver l'un et l'autre dans le porte-feuille de feu Dewailly, qui gouvernait les travaux de ce *théâtre*.

Mais une communication du *théâtre* à la *salle* est absolument nécessaire, Une *ouverture* de trois piés sur sept la donnera. On fera la porte en fer ou en bronze, et aussi prompte à se fermer qu'à s'ouvrir.

L'établissement des *pompes* exige la plus grande attention. Il faut un *corps-de-garde* de *pompiers*, et un *réservoir*, dans les souterrains du dessous, au fond du *théâtre*.

Le *corps-de-garde* doit être voûté solidement, et assez

spacieux, pour que douze hommes puissent y *manœuvrer* facilement une grande *pompe* toujours en bon état. Une *garde* perpétuelle de quatre *pompiers*, y sera toujours prête à en ordonner le service.

Le *réservoir*, aussi voûté, sera au-dessus ou à côté du local occupé par la *pompe*; mais de manière que celle-ci soit dominée par le premier, qui contiendra au moins quatre-vingt-dix muids d'eau. Il doit pouvoir être servi, en cas de gelée, par un bon puits fait dans un lieu voisin de ces deux voûtes. On ne doit pas compter, dans les grands froids, sur l'utilité des fontaines voisines, dont les réservoirs gèlent promptement.

Un *escalier* particulier et extérieur conduira les *pompiers*, et les *hommes* du *service* des *pompes*, à leur *corps-de-garde*. La solidité des voûtes de cet établissement, et la certitude d'en sortir comme d'y descendre sans danger, en cas d'incendie, donneront confiance aux *pompiers*, qui sauront pouvoir toujours agir en sûreté, et jusqu'à la dernière extrémité.

Des *réservoirs* particuliers sont nécessaires au premier et au dernier *dessous*. (Il n'y a de danger que dans l'espace de ces deux *planchers*.) On les entretiendra l'un et l'autre de vingt muids d'eau, au moins, qui sera fournie par les grands *réservoirs* du *théâtre* et de la *salle*.

Il y en aura aussi de proportionnés au besoin, aux points les plus élevés des quatre *escaliers* de *service* du *théâtre*. Ceux-ci fourniront, par des robinets sur cuvettes, l'eau nécessaire à diverses hauteurs pour les loges des *acteurs*, et pour arrêter promptement les progrès d'un feu d'appartement, ou de cheminée.

J'indiquerai ci-après comment, en revêtissant les bois par-tout où ils peuvent l'être, on peut diminuer le nombre des surfaces combustibles.

Dans le placement et la distribution des *réservoirs*, je ne vois pas qu'il faille en désigner un essentiel. On sent la nécessité d'en avoir un disponible pour servir la *salle*, et les *garde-robes*.

On disposera un *corps-de-garde* de six *militaires* pour une *surveillance* perpétuelle, à proximité du *théâtre*.

CHAPITRE XVI.

Des facilités *à donner au* service *du* Théâtre, *et aux* Acteurs.

TOUTS les *palliers* des *escaliers* aboutissants au *niveau* du *sol* du *théâtre*, doivent être disposés de manière qu'il n'y ait nulle part ni *marche* ni *ressaut*. Il convient donc d'en calculer la construction sur la *pente* du *théâtre*. Ainsi on évitera les *casse-cous*, dangereux sur-tout aux *danseurs*, comme aux *ouvriers* chargés de fardeaux.

Il y aura très-près d'un côté du *théâtre* un *foyer* pour la *danse*, d'au moins trente-six piés sur vingt, dont le *plancher*, convenablement élastique, doit être sur la même *pente* que le *plancher* de la *scène*, où elle *exécute* les pas qu'elle *répète* au *foyer*. Au bas de la *pente* il faut une grande glace, où le *danseur* puisse se voir en pié ; et à l'autre bout, une cheminée très-vaste.

De l'autre côté, et aussi très-près du *théâtre*, un *foyer* entièrement pareil au précédent, offrira aux *acteurs-chantants* la commodité d'attendre leurs *entrées*. Il pourra servir aussi à des *répétitions*.

Dans les aîles de la *salle*, et de chaque côté, il faut, au moins, cinquante *loges* d'*acteurs* à différents *étages*. Ce nombre à l'*opéra* ne suffit pas.

Deux grandes *loges* pour habiller vingt *petits garçons*, et vingt *petites filles*, sont indispensables. On peut les trouver dans les *parties* élevées et au-dessus des *corridors* du *ceintre*.

Deux grandes *loges* pour les *chœurs*, l'une pour vingt quatre *hommes*, l'autre pour autant de *femmes*, seront disposées de chaque côté, très-près et un *étage* au dessous du *plancher* du *théâtre*.

Dans le *fond* du *théâtre* il faut trouver deux grandes *loges* pour habiller cent cinquante *comparses*; et près de chacune, un *magasin* pour y déposer les *armes*.

Toutes ces grandes *loges* peuvent être chauffées par des *poëles*.

On a besoin encore, très-indispensablement, de deux *pièces* voisines du *théâtre*. On y dépose touts les *accessoires*, *fleurs*, *guirlandes*, *piques*, *boucliers*, *carquois*, *arcs*, etc. etc.

En donnant ici quelque étendue aux *détails* qui concernent le *service* des *acteurs*, je dois insister sur la nécessité de procurer toutes les aisances convenables à des *artistes*, dont les *talents* sont la base de tout l'édifice. On me les passera d'abord en faveur de l'objet de cet *Essai*, et ensuite du sentiment qui m'attache à un *établissement* dans lequel mes longs travaux fortifient mes affections.

Je terminerai ce *chapitre* par deux *observations*, qui peuvent être utiles.

1°. Il est possible de soustraire beaucoup de matières à l'*incendie*, en *plafonant* touts les *combles*.

2°. On doit, aujourd'hui que les combustibles sont plus que jamais à ménager, profiter des découvertes faites depuis un demi-siècle, mais trop négligées pour dispenser, ou distribuer la chaleur. La réunion des moyens des CC. *Désarnod* et *Bonnemain*, tous deux membres du *Lycée* des *arts*, serait très-utile. Ils pourraient tous deux donner la solution de ce *problême : Trouver le moyen de chauffer toutes les parties d'une salle de spectacle, d'un théâtre, et de toutes les pièces de leur service, en diminuant la prodigieuse quantité des approvisionnements de bois de chauffage.*

J'ai toujours pensé qu'en construisant l'*édifice* on pouvait établir deux *fourneaux*, l'un dans un souterrain bien voûté sous le *théâtre*, l'autre pareil sous la *salle*, et isolés; de sorte que leur chaleur ne se perdît pas, mais qu'elle se distribuât par des *tuyaux* ramifiés et à *robinets*, pour la donner à volonté; par exemple: la modifier dans la *salle* à raison de l'affluence, et la porter en plus grande quantité aux *robinets* du *dessous* du *théâtre*, où, en montant, elle préserverait des inconvénients du froid des hommes et des femmes légèrement vêtus, et qu'une température glacée peut mettre hors de service.

La fumée considérable dans les *pièces à feu*, prescrit la construction d'un *ventilateur* au *comble* du *théâtre*. Un autre ne sera pas moins utile au *plafond* de la *salle*, mais avec communication au *comble*.

CHAPITRE XVII.

Des magasins *à portée du* théâtre, *pour y déposer les* décorations.

La nécessité d'un *magasin*, au moins, placé très-près du *théâtre*, est indiquée par beaucoup de motifs : j'en nommerai quelques-uns.

1°. La conservation des *décorations* dont les *chassis* se brisent par des mouvements forcés, et lorsqu'ils ne sont pas portés perpendiculairement.

2°. La conservation de la *peinture* qui s'altère et s'efface par les *frottements* du transport à un lieu trop éloigné de la *salle*.

3°. L'énorme dépense des *transports*; celle des *réparations* de *peinture* et de *menuiserie* aux *chassis* et aux *toiles*. Toutes les deux réunies passent cinquante mille francs pour l'*opéra*, dont les *magasins*, rue *Bergère*, sont à une trop grande distance de ce *spectacle*.

Il conviendrait donc qu'un *magasin* de *décorations* de *service* fût placé près et au niveau du *théâtre*, et qu'il contînt vingt *décorations* complètes en *chassis*, *toiles* et *plafonds*. La *facilité* de les faire passer de l'un dans l'autre, exige que leur *communication* soit sans *marches* ni *degrés*, et par une *porte*, qui se fermera en fer, haute de trente-un piés, *large* de trois par en-*bas*, et de dix-huit pouces seulement par en-*haut*.

CHAPITRE XVIII.

De la Salle, *prise du* rideau *de l'*avant-scène.

J'AI dit précédemment que l'*ouverture* de l'*avant-scène*, qui détermine les *dimensions* du *théâtre*, pouvait aussi être admise à donner toutes celles de la *salle*.

Deux motifs me paraissent exiger que je revienne sur cette *donnée*. Le premier est l'autorité de *Fontana*; le second, mes observations sur un très-grand nombre de *salles* de *spectacle*. A la fin de ma carrière j'en compte beaucoup, tant en *France* qu'en *Italie* et en *Allemagne*, où j'ai vu avec l'œil attentif d'un constructeur de *théâtre*, et j'en ai *bâti* et équipé plusieurs.

Aucune *salle* ne m'a paru construite de manière à présenter des *dimensions* sûres, et des formes avantageuses, si ce n'est l'*Odéon* par sa *coupe* heureuse. La diversité des *coupes* des autres *salles* prouve donc qu'il n'y a point de *théorie* admise, et que chacun des *théâtres* qui s'élèvent, en présente une particulière.

J'ose parler en faveur de celle-ci : elle me paraît applicable à toutes les *salles*, grandes ou petites.

Voyez *Planche* IV, où je n'indique qu'un trait de la *salle*, de l'*orchestre*, et de l'*avant-scène* : l'*ouverture* en *largeur* de l'*avant-scène* donne toutes les *dimensions*.

Si cette *forme* n'est pas la plus parfaite, elle me semble approcher de la perfection, parce qu'elle donne à une *salle* l'avantage d'être aussi *longue* et *haute*, qu'elle

est

est *large*, et que, de toutes *places*, on peut voir la *scène* dans son *étendue*, et tout entendre.

Il n'est pas indifférent de bien déterminer les *hauteurs* des *rangs* des *loges*. La *ligne* des premières à *leurs appuis* doit être de cinq piés six pouces au-*dessus* du *théâtre* pris à la *rampe* des *lumières*. L'autorité du célèbre *Le Kain* s'appuie sur ces observations. Il avait remarqué que cette *élévation* était la plus convenable pour être vu, et bien entendu. Les autres *rangs* des *loges* se règleront sur celui-ci.

Un *espace* de douze piés du *devant* du premier *chassis* à la *rampe* est suffisant. La coupe du bord du *théâtre* sera circulaire, pour porter les *récitants* un peu hors du cadre. L'*orchestre* suivra la même *courbe*, qui porte mieux toute la *lumière* réunie de la *rampe* dans les *vuides* du *théâtre*. Il aura l'avantage de donner *place* aux *instrumentistes* sur des *rayons*, qui portent au *centre*, où est le *maître* qui *conduit*. Il sera de quinze piés de *large*, au moins, et de la *longueur* convenable à la distribution des parties d'instruments, et au nombre des *exécutants*. Son *plancher* en *pente* de quatre pouces par toise en sens contraire de celle du *théâtre*, dégradera les *hauteurs* des *musiciens*, qui doivent voir et suivre l'*acteur* en *scène*, *chantant* ou *dansant*.

Entre la *ligne* de *tombée* du *rideau* et le premier *plan* de *chassis*, on *établira* un *cadre* mobile, qui *élargira* ou *rétrécira*, à volonté, l'*ouverture* de l'*avant-scène*. Ce *cadre* ou draperie figurée doit être très-riche, puisqu'il sert aux tableaux mouvants de la *scène*.

C'est en deçà que *tombe* le *rideau*. La *salle* alors est une, et terminée par lui.

CHAPITRE XIX.

Des loges *de la* salle.

LES *devantures* de touts les *rangs* de *loges* doivent *aboutir à-plomb* l'une de l'autre, à très-peu de chose près, au *corps* qui forme l'*avant-scène*, mais non pas en retraite, un rang sur l'autre ; ce qui donnerait de mauvaises places.

Chaque *rang* doit être disposé de manière que sa *courbe*, dans le *rond-point* de la *salle*, soit en *retraite* d'à-peu-près deux piés de la *courbe* du *rang* inférieur. Cette *dimension* se *règle* aux dépens des *corridors*.

Il est à desirer que le *plancher* des *corridors* des *loges* ne soit pas de *niveau*, mais que chacun d'eux ait la même *pente* que le *théâtre*, en sens contraire. Cela est favorable aux spectateurs placés aux derniers *rangs*. On l'a observé au *théâtre* de la Porte St.-Martin.

On peut donner aux premières *loges* quatre *rangs* de *places*, largement divisées, pour que huit personnes y soient assises, à leur aise, sur des *chaises*. Les *places* du dernier *rang* pourraient être *grillées* à volonté. Il en résulterait une plus grande facilité de location.

Les secondes *loges* auraient aussi quatre *rangs*, mais seraient un peu moins *profondes* que les premières, afin d'obtenir plus aisément les *dégradations* que chaque *rang* doit avoir sur l'autre. On peut aussi en *griller* les dernières *places*.

Trois *rangs* de *banquettes* aux troisièmes *loges*, mais *graduées*, donneront toute la facilité nécessaire pour bien voir.

La même commodité, plus nécessaire aux quatrièmes *loges*, en fera *graduer* les *banquettes* un peu plus que celles des troisièmes.

Les cinquièmes *loges* n'auraient que deux *rangs* sur les *côtés*. Le *milieu* peut être construit en *amphithéâtre*, qui recevra trois cents personnes au moins.

Une *salle* de *spectacle* devant être sonore, ne doit point avoir, dans aucune partie de son *plafond*, des *percées*, qui, en altérant les *sons*, font manquer le premier plaisir du public; *la faculté de bien entendre*. On ne doit donc point établir de *loges* dans la *voussure*. Il serait préférable de faire un sixième *rang* de *loges* à l'année; et, près d'elles, touts ces *accessoires* commodes et agréables, qui déterminent les *locations*, sur-tout lorsque les *locataires* trouvent un *escalier* de chaque côté de la *salle*, qui leur donne la facilité de l'*incognito*.

Le *public* paraît avoir le desir de trouver dans la *distribution* de l'*espace* nécessaire aux *places*, un calcul combiné, sur le besoin d'être à son aise. Il demande, pour son argent, cette justice depuis si long-tems, qu'il faut enfin la lui rendre. Il aime mieux voir moins de constructions extraordinaires et qui le gênent; et les *entrepreneurs* sentiront aux *recettes*, que ce qui fait un mouvement agréable dans une *salle* de *spectacle*, est plus profitable que des *masses* immobiles.

On agite souvent la question de savoir s'il convient de séparer les *loges*, et de fournir ainsi aux *spectateurs* des isolements de sociétés particulières. Il n'est pas de mon sujet de la traiter. Mais, en l'honneur et mémoire du célèbre *Peyre*, je dois consigner ici le suffrage de l'*Europe*. Avec quel plaisir ne voyait-t-on pas, dans la *salle* du *Théâtre-Français*, deux tableaux; celui de la *scène*, et celui que formaient les *femmes*, alors en possession du droit de présenter sur les *devantures* des *loges*, la beauté, les graces, et la parure de goût des *Françaises*? On se rappelle ces belles *chambrées* qui vérifiaient ce mot bien juste de *Peyre* : *Une salle de spectacle ne doit être qu'un cadre, dont le tableau s'anime par les femmes. Aucun ornement, aucunes teintes ne doivent prendre un caractère qui nuise aux effets qu'elles veulent produire.* C'est à touts ceux qui ont senti cette vérité, de se montrer ses defenseurs. Les *dames* doivent lui donner leur appui.

CHAPITRE XX.

Des corridors *des* loges.

LES *corridors* de touts les *rangs* des *loges* doivent être suffisamment *spacieux*, et en raison des *étages*. Larges et très-commodes aux premières, et aux secondes *loges*, à cause de la circulation dans les *entre-actes*, ils peuvent l'être moins aux *rangs* supérieurs. Mais touts doivent se terminer aux deux *bouts* du côté du *théâtre* par des *paliers*, où doivent passer des *escaliers* de *fond en comble*, et de la *largeur* d'au moins cinq piés. Ces *dimensions* doivent, dans un beau *monument*, prendre un grand caractère. Un *corridor* de premières ou de secondes *loges* qui n'aurait pas huit à neuf piés de *large*, serait mesquin et incommode. Il est à desirer qu'un constructeur ait la liberté de lui en donner davantage.

CHAPITRE XXI.

Du parquet *ou* parterre, *et de l'*orchestre.

LA manière adoptée aujourd'hui de fixer des *banquettes* au *parterre*, ne permet plus l'*élévation* de son *plancher* au *niveau* de celui du *théâtre* pour des *bals*.

Pour la commodité du *public*, le *plancher* du *parterre* doit être *dégradé*, en *pente*, vers le *théâtre*, de neuf pouces par toise, ou trois pouces par *rang* de *siéges*.

On y entrera par deux *portes* placées, le plus près possible, du haut *bout* de la *salle*, afin que les derniers venus ne tourmentent pas, pour se placer, les *spectateurs* arrivés les premiers.

Il est indispensable d'avoir deux autres *portes*, toujours prêtes à s'*ouvrir*, plus près des l'*orchestre*. Leur *ouverture* a lieu à la fin du *spectacle*.

L'*orchestre* étant la fin du *plancher* du *parterre*, a sa *pente* suffisante. On y établit cinq *bancs à dossiers*, et on y entre par deux *portes*; une de chaque côté.

CHAPITRE XXII.

Des foyers, *et des autres* dipositions *nécessaires à la* commodité *du* public.

DEUX *foyers* seront disposés; l'un au *rang* des premières *loges*, l'autre à celui des troisièmes.

Il convient que le premier soit très-richement décoré, et garni de *glaces*. Des répétitions pourront s'y faire, si l'*opéra* n'a pas à sa dispositon un *théâtre* destiné à cet usage, et à la *danse*.

Le second *foyer*, à la hauteur des troisièmes *loges*, peut être moins vaste, et, s'il existe, il est préférable pour les *répétitions*. Dans ce cas, le premier ne serait accessible qu'à l'ouverture des *bureaux*.

L'établissement des *poëles* se fera de la manière la plus solide et la plus préservatrice d'*incendie*, dans les *vestibules*, *escaliers* et *foyers*. Il doit y avoir dans ces derniers, et à chaque boût, des *cheminées*, indépendamment des *poëles*.

Des *tambours* et des *portes* battantes bien *garnies*, fermeront, autant qu'il est possible, le passage au froid et à l'humidité.

Je renouvelle ici mon vœu pour l'établissement des *fourneaux* voûtés, dans les deux *dessous*. Il résultera de leur construction une grande économie, plus de chaleur mieux distribuée, et moins de dangers.

Le *public* qui *paie*, et dont l'*argent* alimente les *spectacles*, a droit à des égards. On doit donc prendre des *précautions* qui lui assurent, à son arrivée, *sûreté* et *commodité.* Il trouvera l'une et l'autre dans deux *vestibules* très-vastes.

Le premier en *galerie couverte* sera fermé, en hiver, par des *chassis vitrés*; il serait à desirer qu'il contînt un très-grand nombre de personnes, qui se porteraient toujours facilement et sans accidents, aux *bureaux* de distribution des billets.

Le second *vestibule* dans l'intérieur et au pié des grands *escaliers*, doit être aussi *vaste* que le premier, très-*éclairé*, et offrir un jour brillant, et des siéges commodes aux *femmes*, dans une température qui leur permette d'attendre chaudement l'*appel* de leurs voitures. Le *constructeur* mettra un prix sans doute à la satisfaction d'un sexe à qui ce *second spectacle* doit plaire, puisqu'il en fait l'ornement.

CHAPITRE XXIII.

De quelques détails *de l'*intérieur *de la* salle, *et du* théâtre.

ON a beaucoup varié sur l'admission des moyens de donner à l'*orchestre* toute la *sonorité* qu'il doit avoir: plusieurs *essais* ont été tentés.

L'expérience a prouvé qu'il fallait renoncer au systême de ceux qui ont prétendu qu'une *voûte*, en pierre ou en brique, mais renversée, devait porter l'*orchestre*. Il en fut construit une en pierre, au grand *théâtre* de *Versailles*. Loin de *produire* le *son*, elle l'*absorbait*. On fut forcé d'y renoncer, et de la remplir en bois. Celle que *Soufflot* fit bâtir au théâtre des *Tuileries*, ne servit à rien. On ne posa pas sur elle l'*orchestre*. *Moreau*, à la *salle* du *Palais-Royal*, ne fut pas plus satisfait de ce systême que les autres. La totalité de l'*orchestre* ne portait pas sur sa *voûte*.

Le hasard a voulu qu'un *plancher*, assez mal entendu, qui soutient l'*orchestre* de l'*opéra*, ne fût pas très-défavorable à l'effet des *instruments*.

Voici mon opinion sur cette partie essentielle d'une *salle* d'*opéra*.

Un *massif* de maçonnerie élevée de fond, portera des *dez* de pierre sur lesquels on posera des *lambourdes*, sur lesquelles des planches de sapin très-sec *formeront* un *plancher* à rainures et languettes, bien joint, bien fixé et bien arrêté sur de fortes *solives* transversalement posées sur les *lambourdes*.

J'ai indiqué la construction d'un *massif* de maçonnerie, parce qu'on peut présumer que cet *instrument*, (car l'*orchestre* en est un) serait *assourdi*, s'il adhérait au *sol*.

Le devant du *théâtre* demande aussi des soins, sous le rapport et la production des sons : il est partie essentielle de l'*orchestre*.

On élevera donc à la *ligne* perpendiculaire de toute la *courbe* de l'*avant-scène*, en-deçà de la *rampe* de *lumière*, un *mur* en briques : et on le revêtira du côté des *instrumentistes*, de fortes *planches* de sapin bien sec, et bien jointes. Ce moyen s'unit à ceux qui rendent le *son* à l'étendue de la *salle*. Il fut mis en usage lorsqu'on reconstruisit l'*orchestre* du grand *théâtre* de *Versailles*, et on s'en trouva bien.

Il en est un autre, c'est l'aisance des *musiciens*. Ils n'aiment pas à être gênés, les uns sur les autres ; et, comme ils le disent, *exécutants dans les poches du voisin*.

Le *dessous* du *parterre* doit être *plafonné*, pour fermer le passage à l'air et au froid.

Les *séparations* des *loges* ne doivent se faire qu'en bois léger ; et leurs *fonds* en *pans de bois*, à cause de la multiplicité des *portes*. On ne les *latte* point. Ils se *lardent* seulement de *clous à tête*, qui reçoivent et tiennent bien le *plâtre*. L'intérieur est revêtu en bois léger et bien joint. Cette *construction* rend la *salle* très-sonore : elle a parfaitement réussi au *théâtre de Versailles*.

Les *corridors* des *loges* exigent un *carrelage*, et des

plafonds en *plâtre*, pour éviter le filtrage d'eau répandue par négligence, et par mal-propreté dans les *étages* supérieurs

Les mêmes motifs peuvent déterminer aussi à *carreler*, et à *plafonner* l'*intérieur* des *loges*; et à eux se joint la nécessité de donner au *feu* le moins d'*aliment* possible. Cette considération déterminerait encore l'usage du *plâtre* pour les *voussures*, les *corniches*, et toutes les *superficies* susceptibles de le recevoir.

Une *salle* d'*opéra* doit contenir environ trois mille cinq cents personnes dans les jours de *nouveauté*, ou *grands jours*, et être coupée de sorte qu'avec moins de deux mille quatre cents personnes, elle paraisse encore trés - remplie : car une *salle* vuide ennuie le *spectateur*, et décourage l'*acteur*.

Il paraît prouvé qu'un *papier bleu* à dessiner la figure, ou chocolat au lait, ne fatiguerait pas la vue, et serait très- favorable aux *femmes*. On peut en dire autant des appuis des *loges* en *bleu*, couleur avantageuse à leurs mains.

Trop d'ornements, des *figures*, des *mascarons* et des *grotesques* réussissent peu aux *panneaux* des *devantures* des *loges*. Des *arabesques* de bon goût, sur un fond favorable à l'œil, (et, je le répète, sur-tout aux *femmes*,) paraissent aujourd'hui convenir à touts les goûts qui se sont formés depuis vingt ans dans nos *salles* modernes.

Le *plafond* sera plus susceptible de recevoir tous les *agréments* que comporte, mieux que toutes les autres, la forme *ronde*. C'est pour le *plafond* celle qui résulte des dimensions indiquées ci-dessus.

Mais, en faisant le *décor* intérieur d'une *salle*, il faut prévoir que la *fumée* oblige d'en renouveller la *peinture* touts les sept ou huit ans ; et, qu'en la traitant très-bien, on peut, et on doit ne pas la rendre trop dispendieuse.

Je crois devoir dire qu'il est convenable, autant que nécessaire, de ménager, *au point de vue*, deux *loges*, l'une pour le *peintre-décorateur*, et le *machiniste* ; et l'autre pour les *auteurs* des *ouvrages*, *paroles*, et *musique*. Ils y *sentiraient* commodément l'*effet* de leurs *travaux* ; et en saisissant les impressions du *public*, ils régleraient mieux les *corrections*, et les *additions* à faire.

Ces *dispositions* sont jugées essentielles en *Italie* : tout y est hommage à l'*art* : ici on sacrifie à l'intérêt des *entrepreneurs*. En effet, qui n'a pas vu dans les *corridors* de l'*opéra* des *auteurs*, des *compositeurs*, arrivés trop tard, parce qu'ils sont avares de leur temps, errer, pour trouver péniblement le moyen de se coler à la fenêtre d'une loge ? Belle jouissance, pour ceux qui consacrent leurs veilles aux plaisirs du *public*, et à la fécondité de la *recette* ! L'écu de la place réservée à l'*auteur* peut en rapporter mille.

Si je suis entré dans des *détails* qui se croisent avec ceux du *ressort* du *constructeur*, j'avais, pour le faire, trois motifs : l'habitude de voir et d'observer dans toutes les parties d'une *salle* de *spectacle* ce qui convient le mieux ; la certitude de plaire au *public* qui desire, depuis longtems, la jouissance de la plupart des choses que j'ai indiquées ; et l'indication *obligée* des égards dus à la santé, à la commodité des *acteurs* du *chant*, et de la *danse*.

Je ne prétends pas mettre l'*art* difficile du *machiniste* plus haut qu'il ne lui convient ; mais je crois avoir démontré que sans le consulter, un *architecte* qui bâtit une *salle* de *spectacle*, prépare au premier des *rectifications* à faire, très-*dispendieuses*, qui, même quand elles sont exécutées, conservent, dans un *théâtre*, d'éternelles difficultés dans les *manœuvres*. Il vaut mieux bien faire ensemble, que de mal faire, loin du *machiniste*, ce qui gênera toujours celui-ci, et le forcera de dépenser beaucoup, pour *exécuter*, encore imparfaitement.

CHAPITRE XXIV.

De la manière *d'*éclairer *la* salle, *sans nuire trop aux* effets *de la* scène *et du* théâtre.

EN *Italie*, il n'y a pas de *lumières permanentes* dans les *salles* pendant le *spectacle.* En *France*, et sur-tout à *Paris*, on veut au contraire une *illumination.* Elle peut servir en effet au plaisir d'être vu ou de voir ; mais on *sacrifie* ainsi ce qui se *passe* au *théâtre.*

Il faut donc indiquer un *moyen terme.* Le *lustre* sera conservé brillant des lumières desirées, et descendu à la *hauteur* du *rang* des secondes loges. Au moment de l'*ouverture*, ou bien au lever du *rideau*, il *montera* sous le *plafond.* Placé sous une *cloche* de *gaze bleu-clair*, il maintiendra un *jour* doux et égal, dans toutes les *parties* de la *salle.* Les effets du *théâtre* seront conservés. Dans les grands *entre-actes*, dégagé de sa *gaze*, et descendant à son point, il rendra son éclat. On peut faire descendre cette cloche sur le lustre, dont le mouvement pourrait inquiéter : elle coulerait sur des *fils* de laiton. Ainsi se trouveront alternativement éclairés, comme ils doivent l'être, la *salle* et le *théâtre.* Avec le *mode*, aujourd'hui consacré par l'*habitude*, le *lustre* détruit tous les *effets* de *nuit*, de *demi-jour* et toutes les *teintes* de lumière *prescrites* pour l'illusion.

La distribution des *lumières* entre les *chassis* de *décorations*, les *plafonds* et les *toiles*, a constamment pour règle les intentions du *décorateur*, qui a eu lui-même pour principe de poser ses *masses* comme l'a indiqué le sujet de l'*ouvrage.* Ainsi donc le *théâtre* doit s'*éclairer* avec intelligence, et conformément aux *décorations* qui y paraissent.

CHAPITRE XXV.

Des moyens *de* chauffer *le* théâtre *par des* poëles.

LORSQUE j'ai cru devoir exprimer dans un des *chapitres* précédents le desir de voir un *théâtre chauffé* par des *fourneaux* souterrains, dont la *chaleur* serait mieux, et plus économiquement *distribuée*, je n'ai pas dû passer sous silence, comment il convient de *placer* les *poëles* dans cette *partie* importante d'une *salle* de *spectacle*.

Les rigueurs de l'hiver sont cruelles pour les *acteurs* sur un grand *théâtre*. Il faut donc prévoir tout ce qui peut les leur rendre moins sensibles, et garantir la non suspension d'activité d'un *chanteur* et d'un *danseur*, qui, par leur absence, font languir la recette dans la saison des *spectacles*, et des *rhumes*. Donnons leur donc en chaleur ce qui leur manque en vêtements.

La crainte de *placer* des *poëles* au *théâtre* est fondée sur les *dangers* du *feu*; mais parce que cette raison est d'un grand poids, renoncera-t-on à imaginer des *précautions* qui donneront de la confiance ?

Aux *places* que je vais désigner, les *poëles* seront posés sur des piés élevés dans d'assez larges *cuvettes* de plomb, *entretenues pleines* d'eau : première garantie qu'il est facile d'apprécier. Elle est en usage dans les *étuves* des *moulins à poudre*. Je l'ai employé pendant deux hivers au *théâtre Feydeau*, sans accidents.

On préfère les *poëles* de *fonte*; ils prennent et donnent mieux la *chaleur*. Leurs *tuyaux* doivent être d'une forte *tôle* pour résister aux *chocs*.

Un de chaque côté dans les *angles* derrière l'*avant-scène*, au niveau du *théâtre*, donnera aux *acteurs* la facilité de s'y chauffer les piés, devant un grillage à quelques pouces de l'ouverture. Les *tuyaux* de ces deux *poëles* porteront de la *chaleur* dans des *réservoirs* aux *corridors* du *ceintre*.

Dans le *fond* du *dessous* et vers le septième *plan* ou *rue*, un de chaque côté, fournira un *réservoir* de *chaleur* à la *hauteur* des *plans* du *théâtre*, parce qu'à leur *niveau* le *service* serait gêné.

Deux, un à chaque angle du *mur* du *lointain*, et au *niveau* de cette partie, déposeront, par les *réservoirs* de leurs *tuyaux*, l'excédent de leur *chaleur* dans les *corridors* du *ceintre*.

Un dans chaque *escalier* du *théâtre* en *échaufferont* les *cages* par leurs *tuyaux* disposés en *bâtons rompus*.

Des *tambours* à portes battantes à l'extérieur ; les *fenêtres* bien fermantes, ainsi que les *soupiraux* du *dessous* ; un *ceintre plafonné* assureront au *théâtre* la *chaleur* convenable ; et, après le *spectacle*, la *clôture* exacte et prompte de toutes les *issues* ne permettra point au froid de l'y remplacer.

CHAPITRE

CHAPITRE XXVI.

Des dangers du feu, *et des* moyens *d'en préserver un* Théâtre.

J'AI vu les *incendies* de plusieurs *salles de spectacle.* Aucune n'a été la proie d'un *feu* pris pendant les *représentations.* Alors tant d'yeux sont ouverts *par-tout*, et sur touts les *points*, qu'il n'est pas calculable que *l'opéra*, par exemple, puisse donner à ses *spectateurs* une inquiétude fondée, quand ils sauront qu'il y *existe* toute espèce de *surveillance* et de *soins* : *réservoirs* pleins ; *pompes* en bon état et leurs *cuirs* ; *pompiers* intelligens ; *ouvriers* toujours en mouvement sur leurs *manœuvres*, tout doit inspirer au *public* la plus parfaite sécurité. Deux *salles* d'*Opéra*, et l'*Odéon* ont brûlé sous mes yeux, et aucune n'a été incendiée pendant les *représentations*. Il n'est pas hors de propos d'en développer les *causes*.

La première brûla faute de *soins*, et par la mal-adresse d'un *balayeur* qui, dans le *fonds* du *dessous*, mit sa chandelle sur le *contre-poids* du *rideau* de l'*avant-scène*, sortit, et l'y laissa. Cette *lumière* mit le *feu* aux neuf *cordages*. Le *rideau* s'enflamma, et l'*incendie* devint générale. J'y fus blessé.

La seconde fut encore détruite à-peu-près de même. Un *rideau* enflammé ne put être séparé de ses *fils* par les deux *bouts* en même tems ; il resta brûlant et suspendu ; le feu prit dans les *toiles* du *ceintre*. On eût arrêté ses progrès,

N

si les moyens de l'éteindre eussent été sous la main. Les *réservoirs* étaient pleins ; mais il n'y avait dans le *théâtre* ni *pompes* ni *pompiers*. Les secours furent plus d'une heure à venir. J'y fus encore blessé.

L'*Odéon* brûlait à sept heures du matin. J'y arrivai avant huit. L'*incendie* n'avait pas toute sa force ; mais je pus l'observer très-violent dans trois *parties* de la *salle* au *fond* du *théâtre*, à gauche du *spectateur ;* à droite de l'*avant-scène*, et à gauche au fond de la *salle*. Les *principes* de cet *incendie* paraissaient y avoir été disséminés.

Aucun de ces incendies n'eut lieu pendant les *représentations*.

Après l'*incendie* du *théâtre* du *Palais-Royal*, j'indiquai des *moyens* d'établir la *sûreté* par de soigneuses *précautions*. On en adopta une *partie*.

En l'an 4, le *théâtre Feydeau* ne dut son salut qu'à une exacte *clôture*. Aucun courant d'air ne put y donner caractère d'*incendie* au *feu* qui s'y était manifesté.

Celui du petit *théâtre* des *Elèves*, au *boulevard*, força enfin de *considérer* ces accidents avec plus d'*attention*. Je renouvellai dans un *mémoire* la proposition des *moyens* d'arrêter les *incendies* des *salles* de *spectacle*, et sur-tout de les *prévenir*.

J'indiquai la *nécessité* d'un *corps-de-garde* de *troupes soldées*, pour y avoir toujours prêts des *hommes* en état de courir à la *pompe*, et de *pompiers* pour voler à leurs *conduits*. Une *garde perpétuelle* se renouvelle aujourd'hui sur le *théâtre* de *l'opéra*. A ces sages *précautions* adoptées aujourd'hui par *ordre* du *Gouvernement*, il est à desirer, pour plus de perfection dans ses réglements conservateurs, d'*ajouter* que, *toutes les nuits*, avec la *garde militaire* et les *pompiers*, il y aura toujours de *garde* un *ouvrier* de chacune des trois *parties* du *théâtre*; savoir: un du *ceintre*, un du *théâtre*, et un du *dessous*; parce que l'habitude de leurs *travaux* leur donne une grande facilité pour se porter chacun dans les manœuvres qu'il connaît bien, et y donner des secours.

Un *militaire*, un *pompier* même, ne connaissent pas comme ces *ouvriers* toutes les *positions* des *ponts-volants*; et ils y marcheraient péniblement, et moins promptement.

Au nombre des précautions prises au *théâtre* de l'*opéra*, il en est une dont la publicité ne contribue pas peu à conserver au public sa sécurité, même dans les pièces à *feu*.

Il y a *par-tout*, sous la main, des *seaux* entretenus pleins d'eau, dans lesquels est une grosse *éponge*. A quelqu'endroit que le *feu* prenne, il serait bientôt éteint.

Mais pour parer aux *dangers* et aux *progrès* dévastateurs d'un *incendie*, voici des *moyens* additionnels que je crois utiles, parce qu'une longue expérience me les démontre tels.

Le *feu* n'a pas d'action sur les *bois* recouverts d'un pouce de *plâtre*. J'ai remarqué, après les *incendies* des trois *théâtres* où je me suis trouvé, des *jambages* de pierre réduits en *chaux*, et des *linteaux* conservés intacts sous le *plâtre*, qui, ayant éprouvé, dans sa fabrication, le *feu* le plus ardent, ne *brûle* plus.

On peut donc revêtir de *plâtre* la *superficie* de touts les *bois*, qui sera susceptible de l'être, sans nuire aux *manœuvres*, et aux *mouvements* des *machines*.

Le *feu* n'a pas non plus une *action* prompte sur les *toiles* de *décorations*, qui sont *peintes* des deux côtés. Elles *brûlent* lentement, et sans flamme. Le tissu de *chanvre* étant garni d'une matière terreuse sur ses deux *surfaces*, le *feu* ne peut *mordre* que lentement la matière combustible, entre deux *substances*, qui ne le sont pas. Il serait superflu d'observer que ce n'est pas de l'*huile* qui met les *couleurs* en état d'être *couchées* sur les *toiles* de *théâtre*.

Cette *observation* n'a pu être *perdue* pour moi. Je desire la voir nous conduire à employer tous les *moyens* de disputer au *feu*, dans les *théâtres*, le plus d'*aliments* possible.

On peut donc *imprimer* toutes les *toiles* de *décorations* avec une première *colle*, dans laquelle on aura délayé du *plâtre* passé au *sas*, très-fin.

On proposa, il y a quelques années, de faire en *laine* les *toiles* de *théâtre*, parce que cette matière, en *brûlant*, ne fait pas de *flamme*. Les *procédés* du *peintre-décorateur* éprouveraient de grandes difficultés sur des *tissus* de *laine*, à moins que la fabrication n'en fût perfectionnée, et telle que le pinceau pût y courir comme sur les *toiles* de *chanvre*.

En attendant de nouvelles découvertes pour approprier la *laine* filée et tissue aux *usages* du *théâtre*, je crois que l'on peut saisir le *moyen* que je viens d'indiquer, et rendre ainsi nos *décorations* moins *combustibles*.

Je termine cet *Essai* par un chapitre, dans lequel je donne des détails sur la manière de *planter* un ouvrage au *théâtre*, que j'ai indiqués dans un des chapitres précédents.

CHAPITRE XXVII, *et dernier.*

De la nécessité de donner au théâtre *une grande* largeur, *d'un* mur *latéral à l'autre, pour la facilité de* planter *convenablement les* décorations *d'un ouvrage, qui s'exécute dans de grands espaces.*

PLANTER un ouvrage au *théâtre*, c'est,

1°. Marquer les *plans* ou *rues*, où doivent *arriver* les différents *feuillets* de *décor*, les *toiles* de *fond*, les *plafonds*, les *frises*, les *coupoles*, les *bandes* d'*air*;

2°. Désigner les *plans* qui *porteront* des *décorations*, et ceux qui n'en *porteront* pas;

3°. Enfin calculer les *points* où doivent arriver les *chassis* des *décorations* variées, ou d'un acte, ou de tout un *opéra* ou *ballet*.

Toutes ces données ne peuvent être bien prises, qu'autant que l'on aura calculé le nombre et le genre de *décorations* exigées; le *terrein* qu'elles doivent occuper relativement aux objets qu'elles représenteront, et la différence des espaces d'une *place publique*, d'une *campagne*, d'un *palais*, d'un *temple*, d'un *appartement*, ou d'une *prison*.

Je dois remarquer ici qu'un des effets les plus frappants au *théâtre*, c'est celui qui surprend le spectateur, en le faisant passer rapidement de la vue d'un petit espace à un grand; d'un *palais* à une *prison*, d'une *campagne* riante à un *désert*; enfin, de lui présenter des contrastes. Il ne devine pas quelles difficultés il a fallu vaincre pour lui plaire, et pour l'intéresser; mais il jouit des surprises qu'on lui ménage: il applaudit à la variété, à la rapidité des mouvements, et le *machiniste* est payé de ses travaux.

Pour rendre sensibles les développements des trois principes que je viens de poser, je suppose avoir à monter les *décorations* de l'*opéra* d'*Hécube*.

La *première*, est une *place publique*.

La *seconde*, est la principale pièce d'un vaste *palais*.

La *troisième*, est l'intérieur d'un *temple* d'*Apollon*.

La *quatrième*, est une pièce retirée et particulière du *palais* de *Priam*: elle est consacrée à ses *dieux Pénates*.

La *cinquième*, est la ville de *Troye* embrâsée.

La première de ces *décorations* doit être de toute l'étendue du *théâtre*. Elle doit offrir la perspective de grands édifices, de temples, de palais, de monuments, et présenter de grandes issues, de vastes débouchés, pour les entrées et les sorties; enfin, c'est une place d'une très-grande étendue, où un peuple nombreux se rassemble.

Il est aisé de concevoir que pour établir de telles décorations, il faut un vaste et large *théâtre*. La *longueur* lui est nécessaire, sans doute; mais elle est moins essentielle, au-delà de la mesure déterminée dans un des chapitres précédents, parce que, avec les ressources que présente l'art de la perspective, on imite la *profondeur* sur les *toiles de fond*.

Mais en *largeur* il faut des espaces réels; parce que, premièrement sans eux, on verrait les *murs latéraux* d'un *théâtre* étroit lorsqu'il faut *sauter des plans*; et qu'en second lieu, il faut, derrière les *chassis* et de touts côtés, des espaces suffisants, pour touts les personnages nécessaires à la scène, dont la multitude ne doit pas gêner les *manœuvres* du *machiniste*.

On appelle *sauter des plans* au *théâtre*, ne pas faire *mouvoir*, ni *paraître* des *chassis* sur tel ou tel *plan*. Je m'explique.

Supposons qu'un *palais* de la *place publique* d'*Hécube* occupe les quatre ou cinq premiers *plans* d'un côté du *théâtre*, et que l'on veuille qu'il fasse l'angle d'une large rue ; si on indiquait cette rue sur le *chassis* du cinquième ou du sixième *plan*, on verrait une trop petite partie de cette rue ; mais si du quatrième ou cinquième *plan* vous *sautez* au septième ou au huitième, alors l'espace s'agrandit au *théâtre*, et à l'œil du spectateur ; la perspective unie à l'espace, lui offre une rue, ou une place immense.

Il résulte de cette disposition l'avantage de faire convenablement arriver sur la *scène*, une troupe armée, une foule, un peuple nombreux ; et d'éviter de les y faire entrer à travers des murailles, lorsque le local est si mal disposé, qu'une partie y pénètre par un *plan*, et une partie par un autre.

Cette méthode de *sauter des plans* se suit ordinairement de droite ou de gauche, à tel ou tel *point*, selon que l'exige la *décoration*.

C'est ici le lieu de remarquer que le plus grand accord est nécessaire entre le *machiniste* et le *peintre-décorateur*. Le premier lit un *poëme* ou un *ballet* ; il saisit les intentions de l'auteur ; il extrait son programme de *décorations* à faire, de *machines* à mouvoir. Il combine ce que les différents *plans* doivent porter de la *décoration*, et il règle avec le *peintre* sur quels chassis ce dernier doit partager, et couper tout le *décor* de l'ouvrage.

Revenons à *Hécube*. Sa première *décoration* doit occuper tout ce que le *théâtre* peut présenter d'étendue.

La seconde, qui est la principale pièce du *palais* de *Priam*, peut n'occuper que sept *plans*. Terminée dans cette dimension, elle donne la facilité de débarrasser ce qui servait dans la première, et de mettre en place ce qui fera le *fond* du *temple*.

Ce *temple*, troisième *décoration*, peut aller jusqu'au neuvième *plan*. Comme la *place publique*, il est susceptible de grands effets. Pour les obtenir, il faut *sauter des plans*, selon que la composition de son architecture l'exige.

La quatrième *décoration*, est la pièce du *palais de Priam* consacrée à ses *dieux Pénates*. Elle tient nécessairement moins d'espace que les précédentes; elle a besoin de moins d'issues. Sa composition, et le tems qu'elle est en place, donnent la facilité de déplacer tout ce qui composait le *temple*, et de disposer tout ce qui fait partie de la ville de *Troye*, cinquième et dernière *décorations* d'*Hécube*. Pour celle-ci, il ne peut y avoir trop de place, en *largeur*, en *profondeur* et en *hauteur*. L'incendie de la *ville* ne peut être bien exécuté que dans un grand espace, où les *manœuvres* ne soient pas gênées. Le *service* ne doit y rencontrer aucun obstacle.

J'ai pris pour exemple l'*opéra* d'*Hécube*, parce que rien ne doit être petit dans une ville dont les murs furent bâtis par *Neptune*, et les temples par *Apollon*.

Cet *opéra* a exigé des soins: on a paru en sentir les effets; mais j'ose dire qu'ils eussent frappé davantage sur un *théâtre*, dont l'étendue répondrait à la grandeur du sujet. On ne connaîtra tout ce que l'on peut présenter d'illusions agréables

agréables et surprenantes à la *scène*, qu'en donnant lieu à l'art du *machiniste*, à celui du *décorateur*, de s'exercer sur un *théâtre* aussi vaste que le comporte le genre du *merveilleux* et du *grand*, qui constitue l'*opéra*.

Je ne dois pas craindre le reproche de me répéter, en insistant sur la nécessité d'un *théâtre* très-large, parce que ce défaut est préjudiciable à touts les services, *manœuvres*, *chant*, *chœurs*, *danse*, *corps* de *ballets*, et *comparses*. L'exemple du mouvement des *décorations* d'*Hécube* en sera la preuve ; et tout autre ouvrage pourrait la donner.

Je dis donc que s'il ne restait qu'un espace étroit et angustié au-delà du grand cadre qui circonscrit les *décorations*, où, pour en étendre les effets, il a fallu *sauter des plans*, comment pourrait se placer la multitude de personnages qu'un grand ouvrage exige?

On peut se rappeller encore le dernier acte d'*Alceste*, où, de droite et de gauche, la disposition du *décor* prescrit de *sauter* plusieurs *plans*, et ne permet jamais d'appercevoir, dans les *coulisses*, les *ouvriers*, les *chanteurs*, les *danseurs* et les *comparses*.

Nous en venons à bout au *théâtre* actuel ; mais c'est avec des difficultés sans nombre, et non sans risques de la vie pour beaucoup de monde.

J'observerai, à ce sujet, que cette gêne journalière dans des espaces étroits est préjudiciable aux intérêts de la *caisse* de l'*opéra*. Les habits se frippent, se salissent et se déchirent. Les broderies se gâtent ; la mousseline, les gazes, les fleurs des guirlandes des danseuses perdent leur fraîcheur dans les frottements de la multitude qui se presse et se foule. Un habit ne va pas jusqu'au terme de sa durée, comme s'il était ménagé, et si celles qui le portent passaient, librement et sans contrainte, par-tout où leurs rôles les appellent.

Mais une des plus puissantes considérations, qui font d'une grande *largeur* au *théâtre* un besoin, c'est la nécessité d'avoir sous la main, (quand sur-tout on n'a pas les grands *magasins* au plein-pié du *théâtre*) les décorations du répertoire.

Autrefois le *machiniste* connaissait peu ce mot: il n'était pas à son usage. Un ouvrage monté se donnoit trois mois de suite.

Aujourd'hui les ouvrages se varient à l'*opéra*, comme aux autres spectacles. Il faut en avoir les *décorations* toujours disponibles. Souvent même l'*opéra* indiqué est arrêté par indisposition. L'administration n'a pu qu'avertir tard: il faut changer les dispositions du *théâtre*. Il n'y a pas de tems à perdre en charrois, si les magasins sont éloignés du *théâtre*. Il faut donc avoir nécessairement dans ses *largeurs* les *décorations* suffisantes pour établir l'ouvrage, qu'il est possible de donner.

Le desir de concourir promptement, avec l'administration de l'*opéra*, à l'exécution des moyens de varier les plaisirs du public, fait une loi au *machiniste* de faire ce qu'on pourrait appeller des tours de force sur le *théâtre* actuel, qui n'a pas été construit avec les dispositions premières et nécessaires au genre des ouvrages qu'on y donne.

Quelques détails sont ici indispensables pour la satisfaction des spectateurs qui ne seront plus induits en erreur sur des mouvements peu corrects des *décorations* et des *machines*, lorsqu'ils sauront que les espaces ne sont pas proportionnés à la multitude des objets à faire paraître à leur vue, dans le cours d'un spectacle, où il faut opérer les onze changements, par exemple, exigés dans les trois actes d'un opéra, et les trois d'un ballet.

D'un *plan* à l'autre, sur le *plancher* du théâtre, il y a un espace donné. Il conviendrait que cet espace fût le même au-dessus, dans le *ceintre*, c'est-à-dire, aux points où sont pendus les *plafonds*, les *toiles*, les *frises*, les *bandes d'air* qui doivent *descendre* entre un *chassis* et l'autre. Mais cela n'est pas. Ce *théâtre* n'a pas été disposé pour exécuter le tour de force, de faire placer onze changements, et de les faire mouvoir. La masse des *frises* est donc telle que les *toiles* placées hors de la perpendiculaire de l'espace entre chaque *chassis*, ne peuvent que tomber au-delà; aussi faut-il les guider. Avant le coup de sifflet, des *ouvriers* de chacun des deux *ponts latéraux* se tiennent prets à guider, avec des perches, l'arrivée des *frises* entre les *chassis*, pour empêcher qu'en tombant à leur perpendiculaire, qui est hors de l'espace, elles ne fassent pas l'effet qu'elles doivent produire. Cette *manœuvre* les met donc en dedans, au momenr où leur poids les porterait en dehors.

Faut-il donc s'étonner des incorrections d'un *changement*? Malgré toute la célérité des *mouvements*, employée pour les prévoir et pour les rendre impossibles, on ne peut pas toujours y parvenir, assez promptement, pour obtenir le suffrage des spectateurs; seul avantage qui me fait oublier les peines prises pour lui plaire, et qui me donne de nouvelles forces pour mériter son indulgence. Je le prie de se persuader qu'un faux arrêt, qui peut avoir lieu dans un changement, dans une manœuvre, me donne le double chagrin d'être gêné sur un *théâtre* étroit, et de l'entendre donner des preuves de son mécontement Qu'il unisse donc ses vœux aux miens, et qu'enfin, à la demande générale d'un *théâtre* d'*opéra*, nous en voyions s'élever un, digne de l'amour des Français pour ce spectacle, et de la juste admiration des étrangers !

FIN.

De l'Imprimerie de BALLARD, Imprimeur du Théâtre des Arts, rue J.-J. Rousseau, n°. 14.

TABLE DES MATIÈRES.

Fin de la Table.

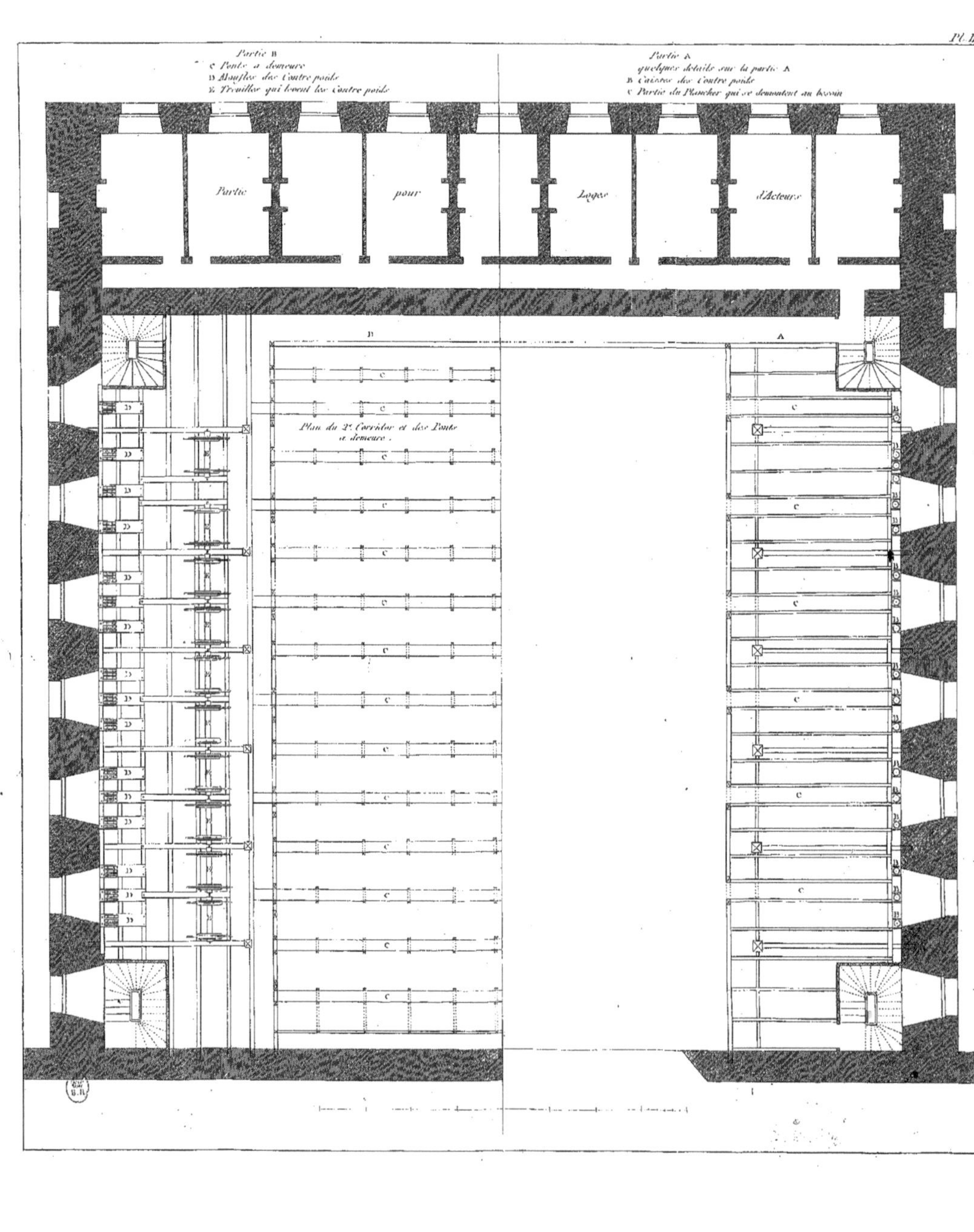
Partie B
C Ponts a demeure
D Moufles des Contre poids
E Treuilles qui levent les Contre poids
Partie A
quelques details sur la partie A
B Caisses des Contre poids
C Partie du Plancher qui se demontent au besoin
Partie pour Loges d'Acteurs
Plan du 2e. Corridor et des Ponts a demeure.

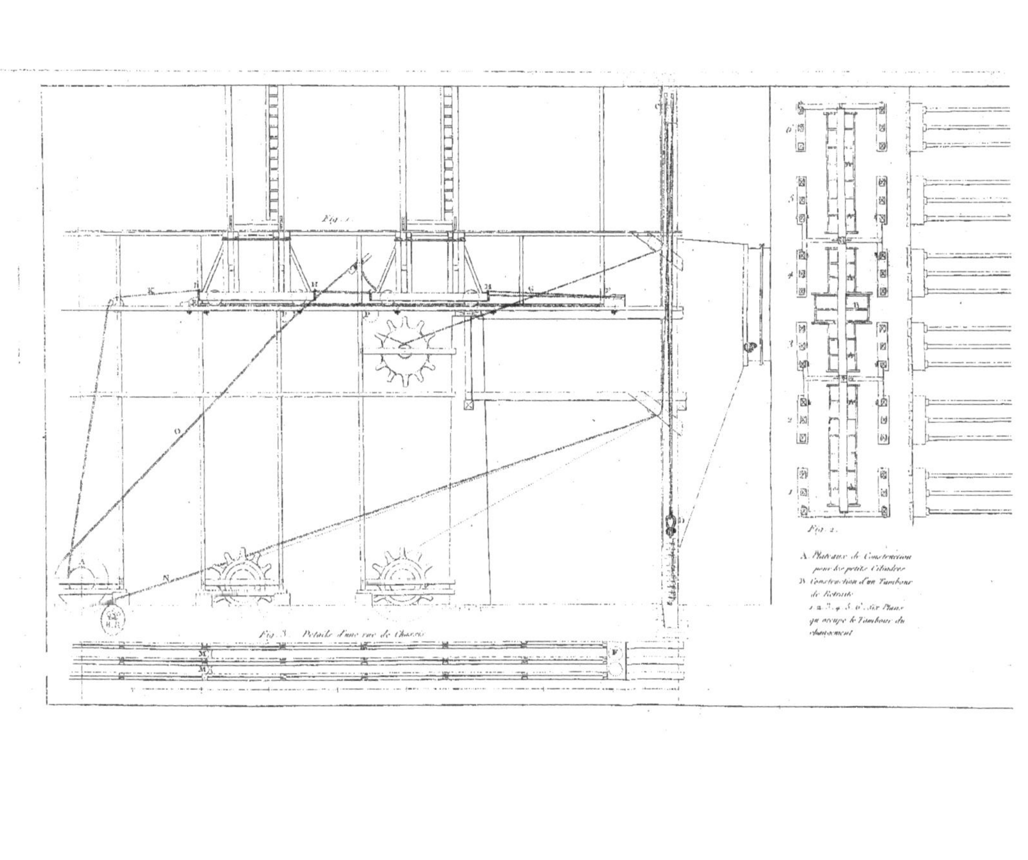
Fig. 1.
Fig. 2.
A. Plateaux de Construction
pour les petits Cilindres
B. Construction d'un Tambour
de Retraite
1. 2. 3. 4. 5. 6. Six Plans
qu'occupe le Tambour du
changement
Fig. 3. Détails d'une rue de Chassis

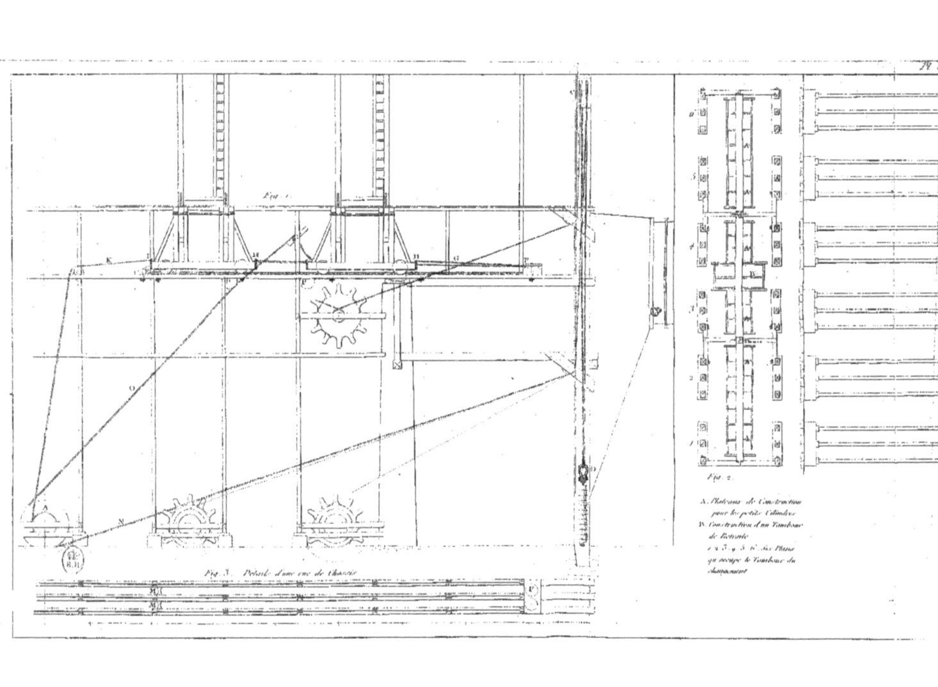
Fig. 1.
Fig. 2.
A. Plateaux de Construction pour les petits Cilindres
B. Construction d'un Tambour
1. 2. 3. 4. 5. 6. Six Plans qu'occupe le Tambour du
Fig. 3. Détail d'une vue de Chassis

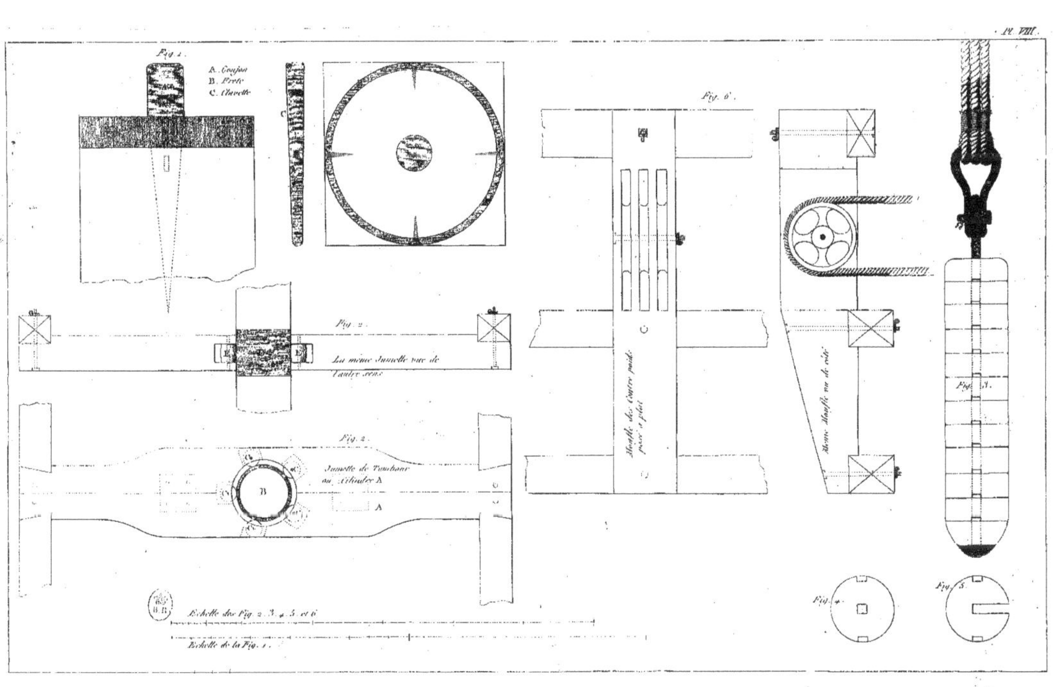
Pl. VIII.
Fig. 1.
A. Goujon
B. Frete
C. Clavette
Fig. 6.
Fig. 2.
La même Jumelle vue de l'autre sens
Fig. 2.
Jumelle de Tambour ou Cilindre A
Moufle des Contre poids vue à plat
Même Moufle vu de côté
Fig. 4.
Fig. 5.
Échelle des Fig. 2. 3. 4. 5. et 6.
Échelle de la Fig. 1.

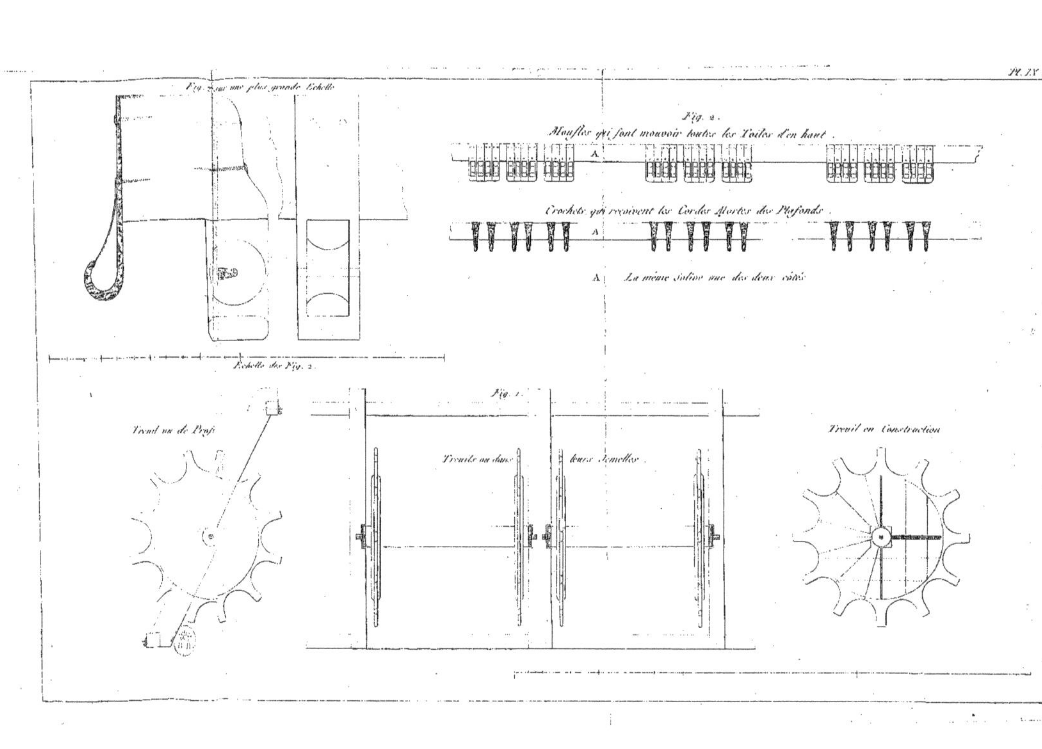
Fig. 2 sur une plus grande Echelle
Fig. 2.
Moufles qui font mouvoir toutes les Toiles d'en haut.
A
Crochets qui reçoivent les Cordes Mortes des Plafonds.
A
A La même Solive vue des deux côtés
Echelle des Fig. 2.
Fig. 1.
Treuil vu de Profil
Treuils vu dans leurs Jemelles.
Treuil en Construction

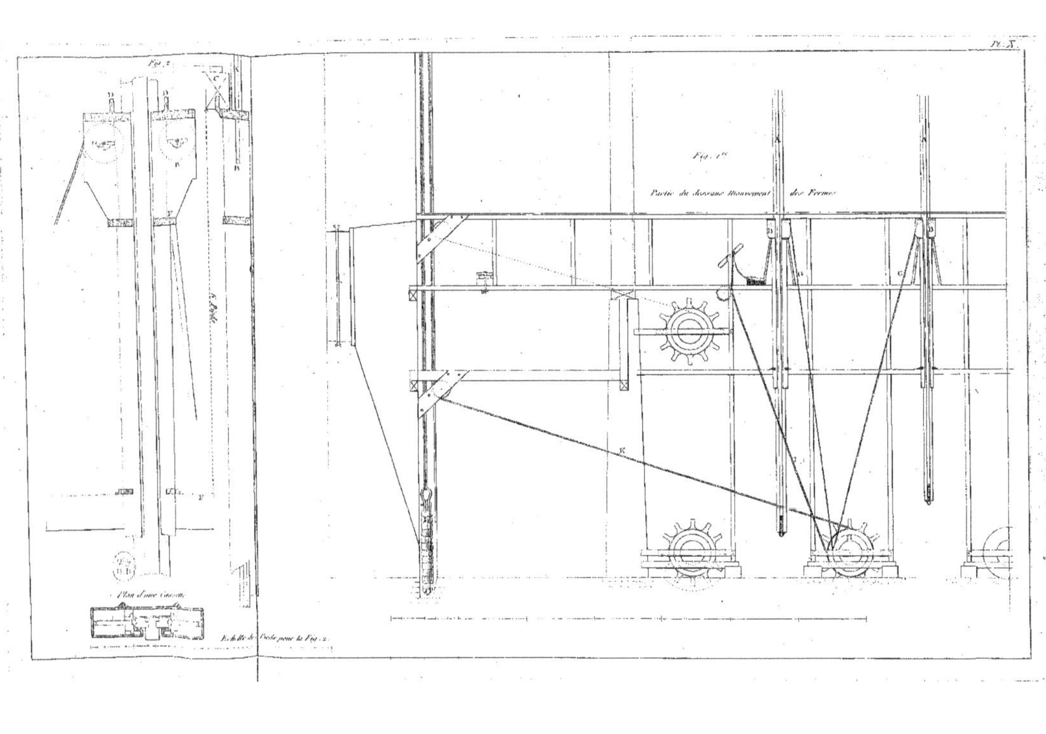
Pl. X
Fig. 2
Fig. 1re

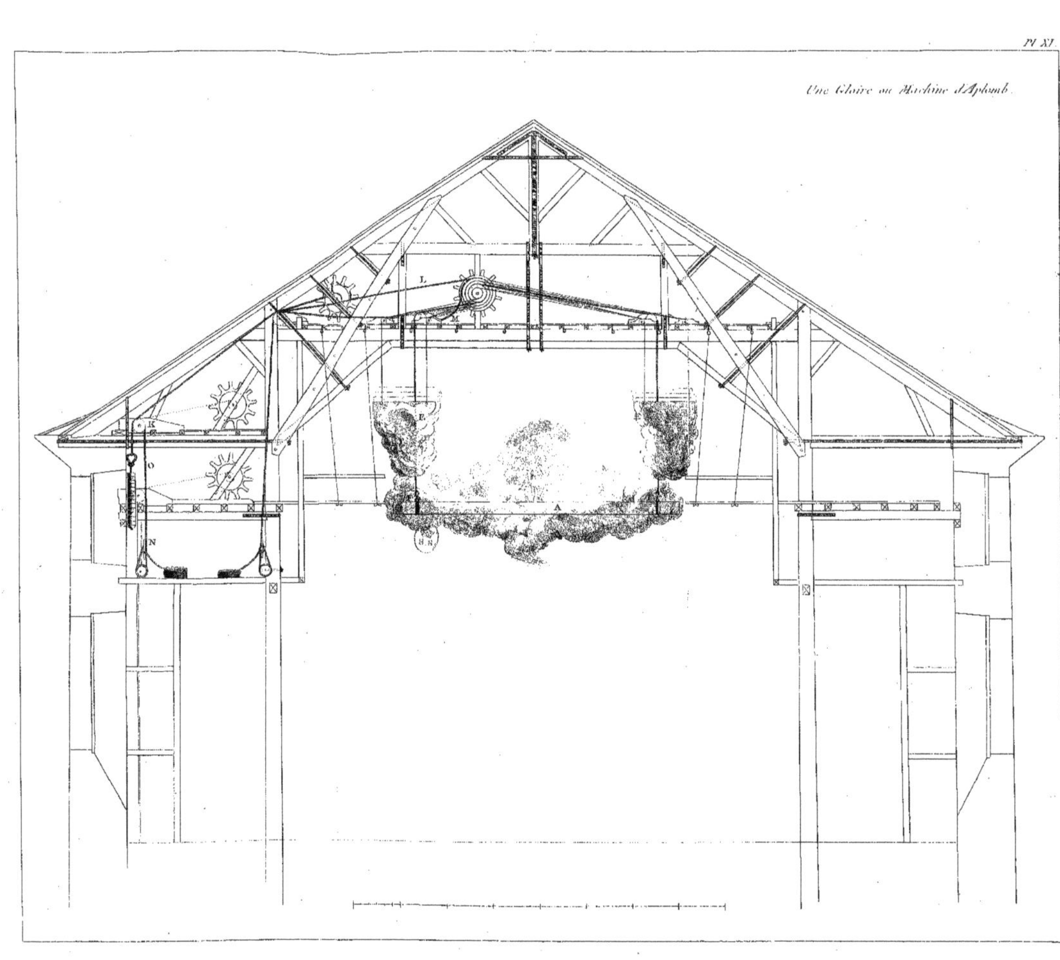
Pl. XI.
Une Gloire ou Machine d'Aplomb.
L
K
O
N
E
A

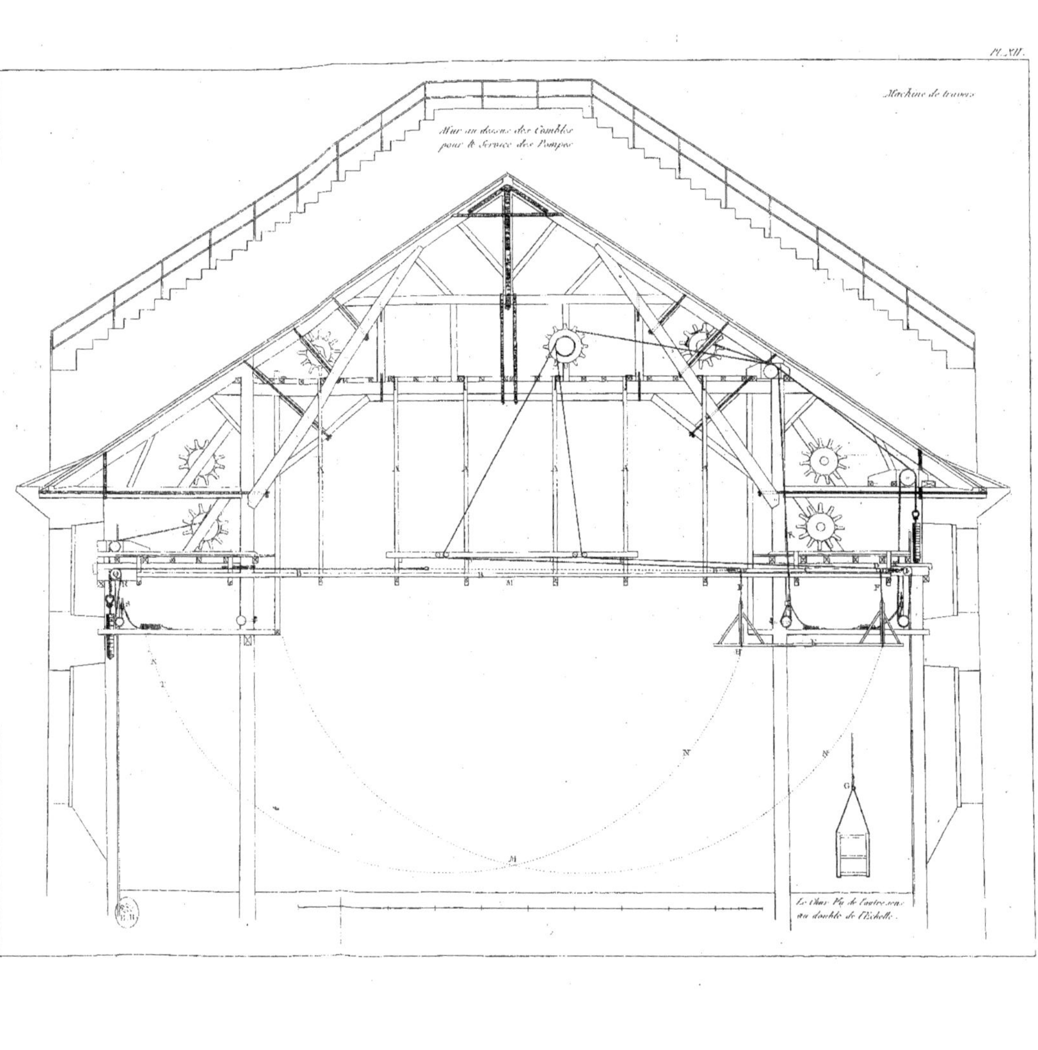
Machine de travers
Mur au dessus des Combles
pour le Service des Pompes
Le Char Vu de l'autre sens
au double de l'Echelle.

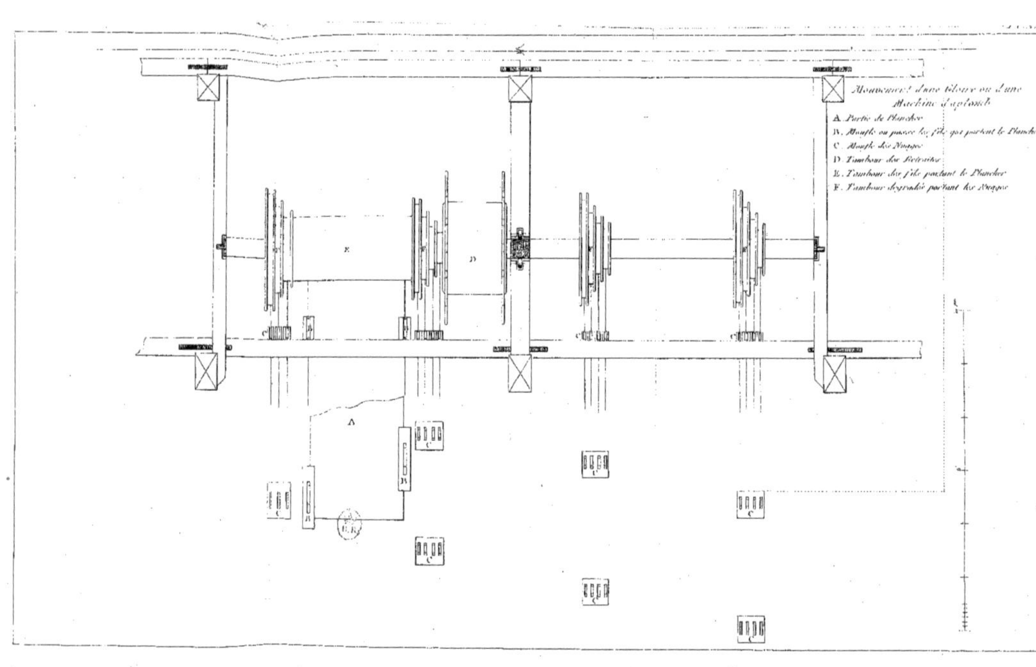
Mouvement d'une Gloire ou d'une Machine d'aplomb
A. Partie de Plancher
B. Moufle ou passe les fils qui portent le Plancher
C. Moufle des Nuages
D. Tambour des Retraites
E. Tambour des fils portant le Plancher
F. Tambour dégradé portant les Nuages